U0226051

材料腐蚀丛书

材料川藏环境腐蚀案例

杜翠薇 马菱薇 郝文魁 王 涛 李晓刚 等 著

科 学 出 版 社
北 京

内 容 简 介

川藏地区因其独特的地理位置和复杂多变的气候条件,对材料的耐腐蚀性提出了极高的要求。本书分析了川藏地区典型服役环境下电网、通信网、铁路网及周边生活设施材料腐蚀案例,每个案例均配有现场照片、腐蚀机理分析和防治措施,旨在通过真实的案例,为读者提供实践经验和理论知识,为川藏地区电力、通信、铁路等设施的相关设计、维护以及管理提供实用的技术指南。

本书适合从事材料腐蚀与防护、输变电、通信、铁路等领域腐蚀与防护及相关研究的科研和工程技术人员参考阅读。

图书在版编目（CIP）数据

材料川藏环境腐蚀案例 / 杜翠薇等著. — 北京：科学出版社, 2024. 11.
（材料腐蚀丛书）. -- ISBN 978-7-03-079720-9

Ⅰ. TB304

中国国家版本馆 CIP 数据核字第 20242QM185 号

责任编辑：张淑晓　孙静惠 / 责任校对：杜子昂
责任印制：赵　博 / 封面设计：东方人华

科 学 出 版 社 出版
北京东黄城根北街 16 号
邮政编码：100717
http://www.sciencep.com

三河市春园印刷有限公司印刷
科学出版社发行　各地新华书店经销
*
2024 年 11 月第　一　版　　开本：720×1000　1/16
2025 年 1 月第二次印刷　　印张：8
字数：160 000
定价：**108.00 元**
（如有印装质量问题，我社负责调换）

《材料腐蚀丛书》序

材料是人类社会可接受的、能经济地制造有用器件（或物品）的物质。腐蚀是材料受环境介质的化学作用（包括电化学作用）而破坏的现象。腐蚀不仅在金属材料中发生，也存在于陶瓷、高分子材料、复合材料、功能材料等各种材料中。腐蚀是"静悄悄"地发生在所有的服役材料中的一种不可避免的过程，因此，认识材料腐蚀过程的基本规律和机理非常重要。

材料腐蚀学是一门认识材料腐蚀过程的基本规律和机理的学科，其理论研究与材料科学、化学、电化学、物理学、表面科学、力学、生物学、环境科学和医学等学科密切相关；其研究手段包括各种现代电化学测试分析设备、先进的材料微观分析设备、现代物理学的物相表征技术和先进的环境因素测量装备等；其防护技术应用范围涉及各种工业领域，以及大气、土壤、水环境甚至太空环境等自然环境。

对材料腐蚀过程的机理和规律的探索是材料腐蚀学科的灵魂。多学科理论的交叉，即材料科学、化学、电化学、物理学、表面科学和环境科学等学科的进一步发展与渗透促进了材料腐蚀学科基础理论的发展。其另外一个特点是理论研究与工程实际应用的结合，工程实际应用的需求是其理论研究发展的最大推动力。

由统计与调查结果发现，各工业发达国家的材料腐蚀年损失是国民经济总产值的 $2\%\sim4\%$，我国 2000 年的材料腐蚀总损失是 5000 亿元人民币。利用材料的环境腐蚀数据和腐蚀规律与机理的研究成果，在设计中指导材料的科学使用，并采取相应的防护措施，有利于节约材料、节省能源消耗。若减少腐蚀经济损失的 $25\%\sim30\%$，可对我国产生每年约 1000 亿元人民币的效益。同时，避免和减少腐蚀事故的发生，可延长设备与构件的使用寿命，有很好的社会效益和经济效益。特别是近 20 年来我国冶金、化工、能源、交通、造纸等工业的发展，带来了对自然环境的污染，不仅导致生态环境的破坏，还使材料的腐蚀速率迅速增加，设备、构件、建筑物等的使用寿命大大缩短。我国局部地区雨水 pH 已降低到 3.2，导致普碳钢的腐蚀速率增大 5～10 倍，混凝土建筑物的腐蚀破坏也大大加速。只有充分认识材料在不同污染自然环境中的腐蚀规律，才能为国家制订材料保护政策和环境污染控制标准提供依据和对策。

因此，发展材料腐蚀与防护学科是国家经济建设和国防建设、科技进步和经济与社会可持续发展的迫切需要。持续深入开展本学科的基础性研究工作，有利于提高我国的材料与基础设施的整体水平，促进我国材料腐蚀基础理论体系和防护技术工程体系的形成与发展，对国家建设、科技进步、技术创新，以及学科的进一步发展具有重要意义。

1949 年后,我国的材料腐蚀理论研究和防护技术受到高度重视并迅速发展。随着经济的高速增长和工业体系的日渐完备,目前,我国有关腐蚀学科理论和各种防护技术的研究成果不但完全可以解决自身出现的各种材料腐蚀问题,而且已经成为世界上该学科的重要组成部分,焕发出朝气蓬勃的活力。我国正逐渐由材料腐蚀研究与防护技术大国向材料腐蚀研究与防护技术强国转变。

值此科学出版社推出《材料腐蚀丛书》之际,本人很高兴以此序抒发感想并表示祝愿与感谢之意:祝愿这套丛书能充分反映我国在材料腐蚀学科基础性研究成果方面的进展与水平;感谢我国材料腐蚀学科研究者的辛勤劳动;感谢科学出版社对材料腐蚀学科的支持。相信随着我国经济水平的日益提高,我国材料腐蚀理论研究和防护技术的发展一定会再上一个新台阶!

曹楚南

中国科学院院士　浙江大学教授

2009 年 8 月 28 日

前　　言

　　川藏地区因其独特的地理位置和复杂多变的气候条件，一直是国内外学者关注的焦点。这一地区的环境特性对材料的耐腐蚀性提出了极高的要求。随着川藏地区基础设施建设的不断推进，各种材料在这一极端环境中的腐蚀问题日益凸显，给当地工程建设和长期运营带来了严峻挑战。

　　腐蚀不仅会影响材料的力学性能和使用寿命，还可能引发安全事故，对人民生命和财产安全构成威胁。因此，深入研究川藏地区材料腐蚀的案例，分析其原因，并提出有效的防腐措施，具有重要的现实意义和科研价值。

　　本书记录和分析了在川藏地区典型服役环境下电网、通信网、铁路网及周边生活设施材料腐蚀案例，旨在通过真实的案例，为相关领域的科研人员和工程师提供有价值的参考。希望通过这些案例，能够加深人们对材料腐蚀问题的理解，推动相关防腐技术的研发和应用，为保障川藏地区基础设施的安全和可持续发展贡献力量。本书逐一介绍和分析这些腐蚀案例，探讨其成因、影响以及可能的解决方案。期待这些内容能引发更多关于材料腐蚀与防护的讨论和研究，共同推动相关技术的进步。

　　本书由杜翠薇、马菱薇、郝文魁、王涛、李晓刚统筹撰写。全书共 10 章。第 1 章，第 2 章的 2.1 节、2.2 节，第 3 章和第 4 章由王志高、黄路遥、卢壹梁、洛桑平措撰写；第 2 章的 2.3 节、2.4 节由杜翠薇、卢芳园、柳蒙浩、王志高撰写；第 5 章、第 6 章和第 7 章由潘吉林、李伟光、肖盼撰写；第 8 章由马菱薇、李宗宝、黄路遥、卢芳园撰写；第 9 章由王涛、石振平、袁磊撰写；第 10 章由杜翠薇撰写；贾泽阳对本书进行统稿。

　　由于时间和调查范围有限，书中收集的案例并未面面俱到，可能存在疏漏之处，恳请读者批准指正。

　　感谢科技基础资源调查专项"川藏地区材料环境腐蚀调查、联网观测与数据库建设"（2021FY100600）及国家材料腐蚀与防护科学数据中心对本书出版的大力支持。

目 录

第1章　800 kV 特高压直流线路铁塔锈蚀案例

1.1　背 景 介 绍

1.1.1　腐蚀调查的对象介绍

设备类别：【输电线路】【铁塔】

投产日期：2014 年 7 月

材料类型：镀锌角钢

服役环境：工业污染区大气

防护措施：热镀锌

1.1.2　调查对象的所处地理位置及气候环境特征

#2364、#2365 铁塔周边为农田和丘陵环境，顺线路方向左侧 200m 处有一家大型陶瓷厂，生产房屋装修用陶瓷地板。厂内建有大型烟囱一处，长期排放烟气，现场风向以西北—东南风为主，经运行人员观察，烟雾长期飘向线路方向。#2365 塔与该烟囱直线距离 180m，#2364 塔与烟囱直线距离 380m。观察该厂区周边建筑物和钢结构，可见明显锈蚀现象。

1.2　调查对象的腐蚀情况

1.2.1　宏观腐蚀情况分析

停电检修期间发现，#2364、#2365 铁塔部分塔身及塔头横担位置塔材角钢、螺栓、脚钉发生锈蚀，其中#2365 铁塔锈蚀较为严重。

#2365 铁塔主要生锈位置为塔头、部分塔身（横担下平面以下 10m 开始，塔材未见明显锈蚀）及部分金具，相同位置螺栓、脚钉生锈更为严重，其中金具在检修期间进行了临时喷漆处理，#2365 铁塔锈蚀现场照片见图 1-1。导线、地线表面状况较好，未见明显颜色变化。

图 1-1   #2365 铁塔锈蚀现场照片*
（a）塔头角钢腐蚀；（b）螺栓腐蚀；（c）、（d）脚钉和防振锤腐蚀

1.2.2   腐蚀原因分析

经现场测试#2365 塔腿和螺栓镀锌层厚度，均满足标准规定厚度要求，排查同厂家生产铁塔共 167 基，其他杆塔均未发现同类锈蚀问题，基本可排除厂家防腐镀锌不合格原因导致的杆塔锈蚀。

输电线路杆塔主要采用热镀锌处理进行防腐。在无污染的大气环境下，镀锌层对钢铁材料具有隔离腐蚀介质和阴极保护双重作用，从而使钢构件免受大气腐蚀的影响。但是，在酸性大气环境下，尤其是煤炭燃烧排放烟气中的 SO_2 成分能将锌层表面致密的具有保护性的氧化锌膜转化成疏松多孔的腐蚀产物，并且 SO_2 还能溶解在锌层表面的水膜中，使水膜呈酸性，加快镀锌层的消耗，最终导致钢构件基体裸露和发生锈蚀[1]。因此，相对常规大气环境下镀锌层几十年的防护效

---

*扫描封底二维码，可见全书彩图。

果，在工业污染区周边使用的镀锌钢构件防腐寿命会大大降低。

该陶瓷厂烟囱与#2365、#2364 铁塔直线距离分别为 180 m 和 380 m，烟囱高度与铁塔横担高度相当，有风时烟气直接吹向铁塔上部，如上分析，烟气中的酸性成分对铁塔镀锌层有显著腐蚀作用，这也是该处铁塔在投运几年后即发生较为严重锈蚀的原因。此外，该陶瓷厂周边其他钢构件也存在普遍锈蚀现象，塔材迎风面锈蚀更为严重，腐蚀主要发生在横担以上位置等特征也间接证明铁塔腐蚀与该陶瓷厂的烟气污染物排放密切相关。

由于工艺原因角钢边缘转角位置相对中间位置镀锌层厚度偏薄，而标准中螺栓、脚钉、金具的镀锌层厚度要求相对塔材明显要薄，因此现场观察到塔材锈蚀主要从角钢边缘向中间发展，螺栓、脚钉、金具相对塔材优先发生腐蚀。

1.3　结论和建议

1.3.1　腐蚀情况总结

通过现场踏勘和标准分析，确认 800 kV 特高压直流线路#2364、#2365 铁塔较短时间发生严重锈蚀的原因为周边陶瓷工厂排放烟气中的腐蚀介质飘向线路，导致塔材镀锌层提前大量损耗，塔材钢铁基体失去锌层保护从而发生锈蚀。

1.3.2　选材、防护技术建议

（1）建议线路运维单位在该特高压直流线路下次停电检修期间对#2364、#2365 铁塔锈蚀部位按照 DL/T 1453—2015《输电线路铁塔防腐蚀保护涂装》相关规定[2]安排一次彻底防腐处理，防止烟气排放持续影响造成铁塔腐蚀扩展，影响结构安全性。

（2）由于化工厂、陶瓷厂、砖厂、养猪场、垃圾填埋场等周边环境十分恶劣，对输电线路铁塔的腐蚀影响非常严重，建议设计单位在线路选线时考虑周边腐蚀源（污染源）与线路的直线距离、当地风向等因素，避免环境因素导致杆塔提前锈蚀。运行单位在对以上腐蚀源周边线路杆塔巡视时，也应有针对性地加强对杆塔腐蚀状况的观察，防止腐蚀程度超过允许限度，影响结构安全性。

第 2 章　500 kV 输电线路及变电站腐蚀案例

2.1　500 kV 变电站 220 kV GIS 设备腐蚀案例

2.1.1　背景介绍

1. 腐蚀调查的对象介绍

设备类别：【变电站】【气体绝缘封闭组合电器（gas insulated switchgear，GIS）】

投产日期：2015 年 5 月

材料类型：碳钢

服役环境：农村大气环境

防护措施：涂料

2015 年 10 月，国网四川省电力公司检修公司新建 500 kV 变电站投运。调研发现 220 kV GIS 出现了普遍锈蚀情况。锈蚀进一步发展有可能引发 GIS 漏气、操作机构卡涩、合闸不到位等安全事故。

2. 调查对象的所处地理位置及气候环境特征

500 kV 变电站位于成都市双流区，大气类型为农村大气环境。

2.1.2　调查对象的腐蚀情况

1. 宏观腐蚀情况分析

主要锈蚀部位发生在 GIS 主母线封盖、GIS 气室与波纹管法兰、机构箱基座、控制柜踏板、预留气室封头、操作机构等钢铁构件处，锈蚀情况见图 2-1、图 2-2。

图 2-1　腐蚀现场照片

图 2-2　220kV GIS 波纹管法兰、踏板锈蚀等情况

2. 微观腐蚀性能分析

根据 DL/T 1424—2015《电网金属技术监督规程》[3]中 GIS 设备防腐涂层厚度不应小于 120 μm 的标准，检测发现 GIS 筒体材质为铝合金且防腐涂层厚度合格。但 220 kV GIS 主母线封盖、波纹管法兰、预留气室封头等 22 处钢铁构件的防腐涂层厚度全部不合格，最低仅为 48 μm。开关机构箱基座抽检 24 处，合格率 25%。

3. 腐蚀原因分析

分析锈蚀原因是铝合金和不锈钢材料在空气中会钝化，本身具有抗腐蚀性能。而钢铁完全靠防腐涂层保护，一旦发生涂层剥落，失去防腐涂层保护的钢铁暴露在空气中，会迅速发生锈蚀。

2.1.3　结论和建议

1. 腐蚀情况总结

锈蚀是由厂家的质量问题造成，防腐涂层质量不合格，要按 GB 50205—2020 标准[4]进行整改处理。

2. 选材、防护技术建议

（1）主母线封盖、波纹管法兰、备用间隔预留气室封头、断路器机构箱基座、断路器顶盖处理方法：锈蚀部位旧漆全部铲除，用砂纸或砂轮打磨除锈，使金属表面粗糙度达到 St3 级（GB/T 8923.1—2011[5]），表面应具有金属底材的光泽，清洁表面后涂刷底漆、中间漆、面漆；漆膜厚度不足部分先用拉开法测量附着力，小于 4.0 MPa 说明附着力不合格，原漆需要全部铲除，大于等于 4.0 MPa，保留原漆，清洁表面，打毛后在上面涂新漆。最终干膜厚度应大于 150 μm。附着力拉开法测定不应低于 5.0 MPa 或划格法测定不低于 1 级。

（2）断路器机构箱防雨沿更换为不锈钢材质防雨沿。

（3）控制柜花纹板（踏板）更换为热镀锌花纹板。

（4）机构连杆、拐臂零件做防锈蚀处理。

2.2　500 kV 耐张铁塔钢锚锈蚀案例

2.2.1　背景介绍

1. 腐蚀调查的对象介绍

设备类别：【输电线路】【耐张铁塔】

投产日期：1988 年 6 月

材料类型：碳钢

服役环境：工业大气

防护措施：镀锌

调研发现该基塔的耐张线夹钢锚锈蚀严重。运维人员查询资料统计，共有 7 基（#308、#322、#326、#348、#404、#466、#497）同类型同批次的铁塔，安排相关人员对该 7 基耐张塔进行重点排查，发现均存在不同程度锈蚀情况，腐蚀现场照片见图 2-3。

图 2-3 耐张线夹钢锚腐蚀现场照片

2. 调查对象的气候环境特征

该铁塔处于工业大气环境。

2.2.2 调查对象的腐蚀情况

1. 宏观腐蚀情况分析

线路导线采用 LGJQ-300（1）钢芯铝绞线，LGJJ-300、LGJ-300/40 和 LGJ-300/50 型钢芯铝绞线，左右地线均采用 1×19-11-1270-A-YB/T 183-2000 稀土锌铝合金镀层钢绞线及 1×19-13-1270-A-YB/T 183-2000 稀土锌铝合金镀层钢绞线。

7 基耐张塔均为原老塔，其中耐张金具锈蚀在 2018 年 9 月防污大修技改中进行了全部更换，此次检修中排查了#308、#322、#326、#348、#404、#466、#497 共计 7 基，其中#322、#497 锈蚀最为严重，其他 5 基均存在不同程度的锈蚀。

2. 微观腐蚀性能分析

未进行微观耐蚀性能分析。

3. 腐蚀原因分析

周围存在大量工业污染企业，其中，#308 左侧 800m 有石膏矿 1 个；#322 右侧 150m 有碳厂 1 个，前侧 100m 有花炮厂 1 个及 600m 有玻璃厂 1 个；#326 右侧

150m 有氮肥厂 1 个；#348 左后侧 800m 有花炮厂 1 个；#404 后侧 1500m 有砖厂 1 个；#466 右侧 2000m 有铝厂 1 个；#497 左侧 1500m 有大型水泥厂 1 个且离工业园较近。

2.2.3　结论和建议

1. 腐蚀情况总结

根据线路台账查询，钢锚锈蚀严重的塔位均已运行 32 年，沿线污染区等级为 D 级及以上。经查阅设计资料以及综合考虑二十世纪八十年代的制造工艺，由于运行年限久等因素影响，钢锚锌层脱落或氧化易发生锈蚀现象。另外，钢锚与铝套管接触，存在异种金属电偶腐蚀，钢锚与铝套管间的缝隙、钢锚尾部焊缝、钢锚与钢芯间的缝隙存在缝隙腐蚀，故钢锚较其他金具的锈蚀速率要快，锈蚀更严重。综合考虑初步判定钢锚为自然腐蚀情况。

2. 选材、防护技术建议

建议在全省范围内核查同类型、同厂家、同批次的镀锌钢管杆到货情况，加大设备质量检验的力度，及时更换。

2.3　500 kV 变电站主变波纹管失效案例

2.3.1　背景介绍

1. 腐蚀调查的对象介绍

额定电压：550 kV

厂家：西安西电变压器有限责任公司

生产日期：2005 年 4 月 1 日

投运日期：2006 年 12 月 1 日

上次停电检修日期：2019 年 5 月 9 日

缺陷发生前运行方式：

500 kV 变电站于 2005 年 5 月 14 日投入运行，现有主变两台，变电总容量 1500MVA，500 kV 出线 10 回，220 kV 出线 15 回，35 kV 电抗器 3 组，35 kV 电容器 4 组。

500 kV 为 3/2 开关接线方式。500 kV　I、II 母运行，第一串 5011、5012、5013 开关运行，坡彭一线及#2 主变运行；第二串 5021、5022、5023 开关运行，布坡一线及#1 主变运行；第三串 5031、5032、5033 开关运行，布坡二线及坡彭二线运行；第四串 5042 开关运行，5041、5043 开关热备用，坡资一线及布坡三线出串运行；第五串 5052 开关运行，5051、5053 开关热备用，坡资二线及布坡四线出串运行；第六串 5062 开关运行，5063 开关冷备用，天坡一线运行；第七串 5072、5073 开关运行，天坡二线运行。220 kV 为双母单分段接线方式，正开展双母双分段改造，15 回出线均在运行状态。35 kV 按标准方式运行。

2. 调查对象的所处地理位置及气候环境特征

失效件为表面有涂层的 304 不锈钢材质，内部环境为环烷烃或芳香烃，起绝缘作用，不含水和酸性物质；外部环境为户外大气环境，无防护。材料外层有涂层保护。当地大气腐蚀等级为 C3（GB/T 19292.1—2018[6]/ ISO 9223:2012），气候潮湿。

波纹管内部是变压器油，成分是环烷烃或芳香烃，起绝缘作用，不含水和酸性物质。外部是大气环境，无保护。变电站所处四川省眉山市东坡区大气腐蚀等级为 C3。

2.3.2　调查对象的腐蚀情况

1. 宏观腐蚀情况分析

失效波纹管裂纹宏观照片如图 2-4 所示，可以观察到失效波纹管在波峰处（也就是凸面）存在 1 条贯穿性裂纹，长度约 5 cm，在中间开口宽度最大，沿凸面向两侧扩展，说明裂纹主要从中间部位起裂。结合波纹管内外部照片，可以发现，裂纹中间部位与波纹管的焊缝位置重合。同时可以观察到，波纹管外壁涂层随裂纹断开，但与基体并未出现剥离现象。

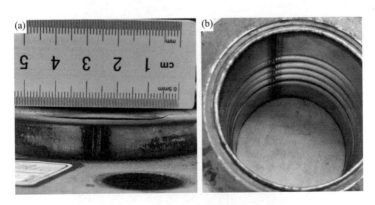

图 2-4　失效波纹管裂纹宏观照片
（a）外部；（b）内部

2. 微观腐蚀性能分析

1）微观分析

将断口切开进行观察，结果见图 2-5。结果表明，断面是由焊缝区向两边扩展，裂纹源处有腐蚀痕迹，并且在焊缝热影响区处发现疑似腐蚀后的疲劳源。

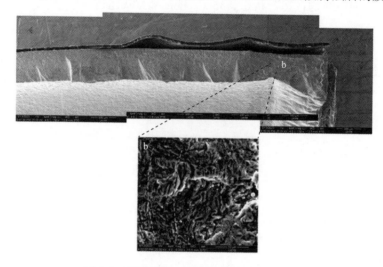

图 2-5　裂纹的断口形貌及腐蚀后的疲劳源

2）腐蚀产物分析

运用能谱分析腐蚀产物成分，如图 2-6 所示。结果表明腐蚀产物主要为氧化物，未检测到 Cl。

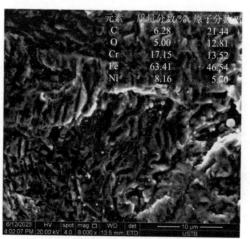

元素	质量分数/%	原子分数/%
C	6.28	21.44
O	5.00	12.81
Cr	17.15	13.52
Fe	63.41	46.54
Ni	8.16	5.70

图 2-6　裂纹源腐蚀产物能谱分析结果

3. 腐蚀原因分析

1）材料分析

参照 GB/T 1220—2007[7]对失效材质进行核验，得到的结果见表 2-1。可以发现，失效件材质的元素含量基本符合标准规定。

表 2-1 基体化学成分及标准规定的化学成分（wt%）

	C	Cr	Si	Mn	Ni	P	S	Fe
失效件	0.05	17.93	0.50	1.16	8.34	0.03	0.005	余量
S30408	≤0.08	18.00～20.00	≤1.00	≤2.00	8.00～11.00	≤0.050	≤0.030	余量

2）微观组织分析

使用体式显微镜和扫描电子显微镜（SEM）观察失效件焊缝区和母材区的金相组织及微观形貌，结果如图 2-7 所示。焊缝区的组织为枝状晶[图 2-7（a）]，图 2-7（b）为母材区的金相组织，母材组织为奥氏体，并且能观察到部分奥氏体中出现了机械孪晶，说明材料经历了较大的变形。从微观形貌可以发现，焊缝区有明显的孔隙缺陷[图 2-7（c）]，而母材区未见明显缺陷[图 2-7（d）]。

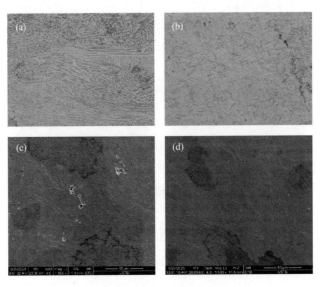

图 2-7 金相及微观形貌
（a）、（c）焊缝区；（b）、（d）母材区

材料中出现机械孪晶，说明在加工过程中出现了较大的变形，材料变形应力

大。焊缝区组织为粗大的枝晶，组织内部还有孔隙等缺陷，极易成为应力集中区。材料焊接后焊缝热影响区会有较大的残余应力[8]，结合图 2-7 中焊缝热影响区附近观察到的疑似疲劳源，说明构件失效的主要原因是焊缝质量较差。

3）服役环境分析

送检方提供的相关服役信息如下：失效件为表面有涂层的 304 不锈钢材质，内部环境为环烷烃或芳香烃，起绝缘作用，不含水和酸性物质；外部环境为户外大气环境，无防护。材料外层有涂层保护。当地大气腐蚀等级为 C3（GB/T 19292.1—2018[6]/ ISO 9223:2012），气候潮湿。

波纹管内部是变压器油，成分是环烷烃或芳香烃，起绝缘作用，不含水和酸性物质。外部是大气环境，无保护。变电站所处四川省眉山市东坡区大气腐蚀等级为 C3。

2.3.3　结论和建议

1. 腐蚀情况总结

（1）对失效样品的失效特征进行分析，结论如下：波纹管发生了严重的贯穿性裂纹，裂纹起裂位置与波纹管焊缝区重合。

（2）对失效样品组织及微观形貌进行分析，结论如下：焊缝区组织为粗大的枝晶，有较大的孔隙缺陷，母材组织均匀，未见明显缺陷，但发现机械孪晶，表明材料变形应力较大。且在焊缝热影响区发现了疑似腐蚀后的疲劳源，说明焊缝质量较差，同时承受较大的变形应力和焊接后的残余应力是失效的主要原因。

（3）对失效样品的材质和服役环境进行了分析，结论如下：失效样品元素含量基本符合标准，环境腐蚀性中等。

2. 选材、防护技术建议

（1）精进焊接工艺，提高焊缝质量。

（2）对波纹管进行热处理，减小波峰处焊缝的残余应力。

2.4　500 kV 变电站 GIS 阀门失效分析

2.4.1　背景介绍

2022 年 1 月 11 日，乐山运维分部检修人员在 500 kV 变电站对 2652 刀闸气室补气时，利用手持式 SF6 检漏仪检查发现 2652 刀闸气室阀门接头处存在漏点，接头有细裂纹，如图 2-8、图 2-9 所示。

图 2-8　刀闸气室压力图　　　　图 2-9　阀门接头漏气位置

1. 腐蚀调查的对象介绍

500 kV 变电站沐为一线 2652 刀闸信息如下。

设备类型：组合电器

型号：ZF16-252DS

厂家：山东泰开高压开关有限公司

出厂日期：2016 年 4 月 1 日

投运日期：2018 年 3 月 21 日

上次停电检修日期：2021 年 7 月 2 日

上次检修过程中检修人员曾对接头进行拧紧操作。异常发生前，该气室按标准方式运行。

2. 调查对象的所处地理位置及气候环境特征

送检方提供的相关服役信息如下：失效件为 304 不锈钢材质，内部环境为一种干燥的绝缘气体（惰性，无腐蚀性，不含水分和酸性介质，压强不到 0.5 MPa），外部环境为户外大气环境，无防护，最外层部分区域涂镀有黄色的保护层，但不具备防腐效果，接头未经过密封处理。当地大气腐蚀等级为 C2（GB/T 19292.1—2018[6]/ ISO 9223:2012），气候潮湿，设备上长有青苔。

根据相关网站记录的现场大气环境成分，失效件所处的户外大气环境中 NO_2

的含量约为 28 mg/m³，SO₂ 的含量为 6 mg/m³（http://sthjt.sc.gov.cn/sthjt/sjxz/list_w.
shtml），年降水量为 1500 mm 左右，雨水的 pH 高于 6，为近中性雨水。

　　失效件腐蚀产物分析的结果显示失效件裂纹源附近有氯离子，这些可能是在
服役过程中沉积到样件表面的氯离子或者失效件存放过程中粘到了周围环境中的
氯离子。

2.4.2　调查对象的腐蚀情况

1. 宏观腐蚀情况分析

　　通过现场考察与文献资料调查相结合，系统了解所调查的工程或装备对象的
腐蚀情况，包括所调查工程装备涉及的典型材料的基本情况、防护情况、服役状
况、腐蚀失效情况等。例如电网变电站，包括热镀锌钢构支架、变压器、不锈钢
箱体、紧固件等部位。

　　失效阀门的电子计算机断层扫描（computed tomography，CT）结果如图 2-10
所示，可以观察到失效阀门共有 4 条裂纹，裂纹在阀门一头开口宽度最大，说
明裂纹主要从阀门一头起裂。裂纹主要沿着阀门轧向扩展，四条裂纹在扩展过
程中均有分叉。阀门在断裂的时候没有明显的塑性变形，所以断裂方式为脆性
开裂。

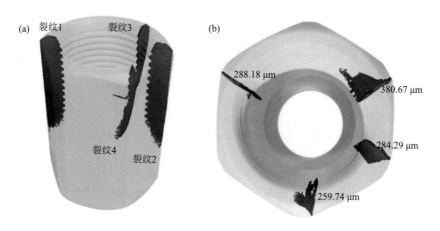

图 2-10　失效阀门 CT 结果

（a）侧视图；（b）俯视图

2. 微观腐蚀性能分析

　　除了宏观腐蚀照片外，若有相关微观组织结构照片、金相分析结果、能谱光
谱分析结果、应力应变结果等，也应加上。

1）裂纹微观形貌分析

将裂纹 1 掰开进行观察，结果见图 2-11。结果表明，断面呈现典型的沿晶开裂，裂纹源处有腐蚀痕迹，裂纹源位于阀门一头外表面。槽牙位置没有明显的裂纹源痕迹，也呈现典型的沿晶开裂。

图 2-11　裂纹 1 的正断断口形貌

裂纹 2、裂纹 3 和裂纹 4 的正断断口形貌见图 2-12、图 2-13 和图 2-14。与裂纹 1 的断面形貌类似，裂纹起源于螺母外表面而不是槽牙，断口呈典型的沿晶开裂。

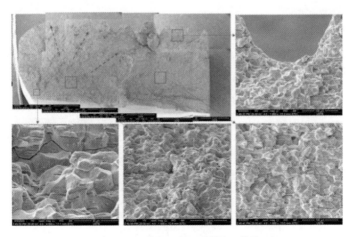

图 2-12　裂纹 2 的正断断口形貌

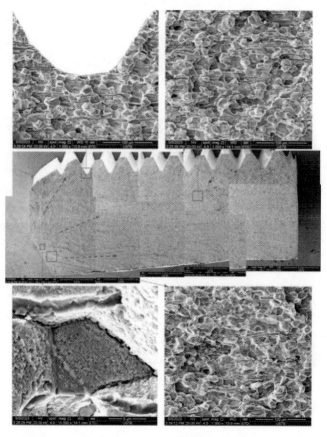

图 2-13　裂纹 3 的正断断口形貌

图 2-14　裂纹 4 的正断断口形貌

2）腐蚀产物分析

对裂纹源区域运用能谱分析腐蚀产物成分，如图 2-15 所示。结果表明，在腐蚀产物中均含有微量的 Cl，含量在 1 wt%左右，因此 Cl 可能是导致其腐蚀的主要环境因素。

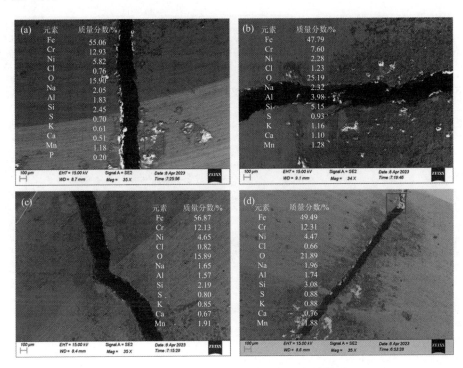

图 2-15　裂纹源腐蚀产物能谱分析结果

3）材质分析

参照 GB/T 1220—2007[7]对失效材质进行核验，得到的结果见表 2-2。可以发现，失效件材质的碳含量明显高于标准，同时失效件中的硫元素显著高于标准。

表 2-2　基体化学成分及标准规定的化学成分（wt%）

	C	Cr	Si	Mn	Ni	P	S	Fe
失效件	0.27	17.50	0.39	1.81	8.27	0.025	0.44	余量
S30408	≤0.08	18.00~20.00	≤1.00	≤2.00	8.00~11.00	≤0.050	≤0.030	余量

失效件管体材质见图 2-16，可以观察到在基体内含有大量的条带状硫化锰和球状氧化锰，同时在奥氏体晶界处分布着碳化铬，属于典型的敏化组织。根据 GB/T 1220—2007[7]，对失效螺母裂纹面进行硬度测试，选取的测量点如图 2-17 所示，

该螺母的表面布氏硬度结果如表 2-3 所示。硬度测试的结果表明，起裂面各处的硬度值均在 70～100 HRB 之间，多个区域的硬度值高于标准（ GB/T 1220—2007[7] ）规定的上限 90 HRB，同时起裂裂纹附近与未起裂位置的硬度无明显区别，说明材料本身整体硬度较大。

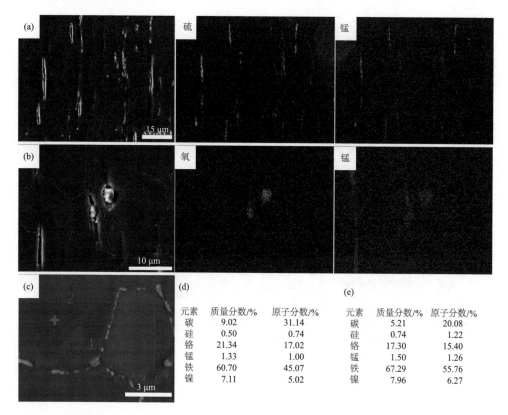

图 2-16　管体材质结果

（a）基体分布着条带状硫化锰；（b）基体分布着氧化锰；（c）晶界分布着碳化铬；（d）在（c）图中位置 1 的能谱数据；（e）在（c）图中位置 2 的能谱数据

表 2-3　失效螺母的表面布氏硬度结果

序号	硬度（HRB）	序号	硬度（HRB）	序号	硬度（HRB）	序号	硬度（HRB）
1	95.5	6	85.8	11	92.2	16	92.6
2	96.2	7	96.8	12	88.8	17	82.5
3	98.6	8	87.6	13	72	18	94
4	101.6	9	97	14	89.2	19	97.2
5	100.5	10	91.2	15	68.5	20	92.5

图 2-17　失效螺母硬度测试测量点选取

管体距离表明管体材质屈服强度和抗拉强度分别达到了 570 MPa 和 698 MPa，但延伸率不到 40%，达不到 GB/T 1220—2007[7] 的要求（表 2-4），这个结果与硬度结果一致，即管体材质强度过高、塑性较差。

表 2-4　失效件的力学性能

	屈服强度/MPa	抗拉强度/MPa	延伸率/%
失效件	570	698	34.58
S30408	≥205	≥520	≥40

3. 腐蚀原因分析

对失效螺母的失效原因进行分析，从失效件材质和现场服役环境两个方面，得到的结论如下：

（1）失效件中的碳元素含量明显超过标准，造成基体敏化，形成对耐蚀性有害的碳化铬。

（2）硫元素明显超标，造成基体内含有大量条带状硫化锰，基体的强度过高而韧性明显降低[9]。

2.4.3　结论和建议

1. 腐蚀情况总结

（1）对失效样品的失效特征进行分析，结论如下：失效螺母发生严重的脆性开裂，裂纹沿着奥氏体晶界扩展。裂纹起裂于螺母一头并向另一头扩展，槽牙位置无裂纹源。

（2）对失效样品的材质和服役环境进行了分析，结论如下：失效的主要原因是材质因素。失效样品中碳和硫元素明显超过标准规定，基体中含有大量夹杂物，这是造成失效的主要材质因素。

2. 选材、防护技术建议

（1）更换失效的螺母。

（2）运用现场检测等手段（如手持式光谱仪）针对螺母进行严格的成分检测和组织分析，确保螺母材质符合标准。

第 3 章　220 kV 变电站腐蚀案例

3.1　220 kV 变电站电流互感器取油管锈蚀案例

3.1.1　背景介绍

1. 腐蚀调查的对象介绍

设备类别：【变电站】【电流互感器】

投产日期：2006 年 6 月

材料类型：碳钢

服役环境：城市大气

防护措施：涂料

某 220 kV 变电站 B 相电流互感器（型号 LB7-220W，2005 年 12 月出厂）由于严重锈蚀发生漏油。漏油现场情况如图 3-1 所示。漏油部位为其油箱底部取油管部分。现场检查确认该互感器取油管整体已经严重锈蚀，取油管上半部分锈蚀尤其严重，呈现明显的坑洼状。漏油发生后，现场检修人员利用金属夹具对取油管部位进行了封堵并涂刷防锈油漆进行临时处置，待安排停电后检修人员对该互感器进行了更换。

图 3-1　故障现场照片

2. 调查对象的所处地理位置及气候环境特征

该变电站处于城市大气环境，四季分明，气候温和。

3.1.2　调查对象的腐蚀情况

1. 宏观腐蚀情况分析

取油管采用普通碳钢直缝焊管（水煤气管）经弯管工艺制造，制管时的焊缝位于油管侧面水平位置。取样的两根油管外观均存在严重的锈蚀问题（图 3-2），腐蚀特征与本次现场发生漏油的电流互感器取油管特征类似。其中已发生腐蚀锈穿漏油的一根油管腐蚀尤其严重，出厂时涂装的防腐油漆基本完全脱落，失去保护的金属油管在外表面被腐蚀出深浅不一的腐蚀坑。利用渗透检漏方法对其进行检查，在腐蚀坑底部和腐蚀出现的凹槽部位存在明显的漏点特征，可以确认发生漏油的部位与腐蚀存在直接关系。腐蚀但未锈穿漏油的另一根油管表面也发生了较严重的腐蚀，但其表面整体平整，腐蚀坑不明显。在其底部和弯头部位仍保留有部分出厂时涂刷的防锈漆，有残余油漆保护的部位腐蚀程度较轻，状况相对较好。

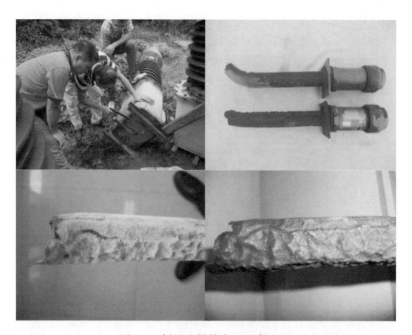

图 3-2　锈蚀取样管表面的腐蚀坑

2. 微观腐蚀性能分析

利用手持式合金成分分析仪对油管材质进行分析，试验结果如表 3-1 所示。

根据厂家提供的设计图纸，该型号电流互感器取油管材质为 Q235A 普通碳素结构钢，两根取油管成分分析结果与设计基本相符，两根取油管材质比较也无明显差异。

表 3-1　受检支柱的化学成分（wt%）

成分	C	Si	Mn	S	P	Cr
Q235 钢标准值	<0.22	<0.35	<1.4	<0.045	<0.045	<0.3
腐蚀漏油样品	—	0.33	0.42	—	—	0.095
腐蚀未漏油样品	—	0.23	0.43	—	—	0.047

对两根取油管分别截取横截面进行壁厚测量。从横截面照片对比可见（图 3-3），由于腐蚀的发生，两油管壁厚均发生了减薄。腐蚀锈穿的油管壁厚平均值为 1.75 mm，最薄处仅 0.56 mm。腐蚀但未漏油的油管壁厚平均值为 2.65 mm，最薄处约 2.05 mm。根据厂家图纸，取油管使用通用的 20 号钢管加工，属于普通直缝焊管，国标规定的该型号钢管外直径为 26.8 mm，允许偏差 ± 0.5 mm，壁厚值为 2.75 mm，允许偏差 ± 0.34 mm（± 12.5%）。实测两根油管均发生了腐蚀，造成壁厚减薄，其中已发生腐蚀锈穿导致漏油的取油管由于存在严重不均匀腐蚀，管材上部厚度最薄处（对应腐蚀坑底部）壁厚仅剩 0.56 mm，壁厚减薄约 80%。

图 3-3　腐蚀漏油（左）和腐蚀未漏油（右）取油管的横截面照片

3. 腐蚀原因分析

该型号电流互感器取油管材质为普通 Q235 碳钢，主要依靠厂家出厂时涂刷的防锈油漆作为唯一防腐措施。由于较长时间的户外运行，防护油漆失效后导致碳钢油管直接暴露在空气中，而碳钢材质的油管本身的抗腐蚀能力很差，腐蚀速率较快，从而引起了该批次电流互感器油管普遍锈蚀。此外，取油管部位油漆为取油管焊接至油箱底部后涂刷，取油管上部分由于靠近油箱下壁，施工空间有限，油漆涂刷质量与其他敞开部位存在差异，这也解释了取油管上部的腐蚀程度（壁厚减薄程度）明显大于取油管下部的现象。

与常见电流互感器在油箱侧面开口安装放油阀不同，为了满足国标 GB 1208—2006《电流互感器》6.3.3[10]的要求（放油阀门装设位置应能放出互感器中最低处的油），该型号电流互感器在设计上采用了从油箱底部开口，通过弯头和较长的取油管引出至互感器侧面的放油阀。在油箱底部与设备支架之间利用角钢撑起以便引出取油管，从而在油箱底部和支架之间留出了高度约 10 cm 的空隙。如图 3-4 所示，由于该缝隙的存在，在互感器底部形成了一个相对封闭的空间，雨水和潮气容易在该空隙中聚集并且不容易干燥，使得该空间内部湿度较大，而取油管正好就在空隙中，南方雨水潮湿闷热的环境加速了碳钢材质的取油管的腐蚀。

图 3-4　电流互感器结构设计缺陷导致腐蚀发生

此外，由于取油管安装在油箱底部空隙中而非侧面，而支架离地面高度在 2 m 左右，安装位置隐蔽，不借助登高无法目视观测到，运行人员难以在巡视中观察到取油管的现场状况并及时安排检修，导致该批次电流互感器腐蚀问题严重化。

3.1.3　结论和建议

1. 腐蚀情况总结

由于金属腐蚀问题的发生，现场电流互感器放油阀取油管厚度严重减薄，壁厚剩余厚度不够，引起该型号批次电流互感器渗漏油问题的发生。

该电流互感器严重腐蚀的主要原因是碳钢材质的取油管在表面油漆保护失效后抗腐蚀能力较差和该型号电流互感器底部取油的设计容易在油箱底部积聚潮气。

2. 选材、防护技术建议

（1）由于该型号批次电流互感器严重腐蚀后的取油管壁厚严重不足，存在锈穿漏油的风险，而电流互感器取油管的现场修复技术十分复杂，如果返厂进行大修，综合考虑修复和运输费用及其他部件的状况，经济性欠佳。建议对该批次电流互感器列入大修技改计划，争取进行更换。

（2）在该批次电流互感器更换前，建议运行人员加强巡视和检查，尽量避免突然的振动、碰撞等造成腐蚀减薄取油管突然破裂。

（3）建议针对该型号电流互感器取油管、油箱、法兰连接等部位金属材质易发生腐蚀的情况，开展一次排查，对腐蚀情况较严重的电流互感器尽早安排腐蚀治理。

3.2　220 kV 变电站二次电缆屏蔽层锈蚀案例

3.2.1　背景介绍

1. 腐蚀调查的对象介绍

设备类别：【变电站】【二次电缆】
投产日期：2006 年 1 月
材料类型：铜包铝
服役环境：城市大气
防护措施：无

运行人员例行巡视发现，某 220 kV 变电站，电流互感器、电压互感器、隔离开关远控等配电箱内部信号控制电缆屏蔽线均有不同程度的腐蚀现象（图 3-5），部分因腐蚀严重而粉碎断裂，完全失去了导电能力。

图 3-5　故障现场照片

2. 调查对象的所处地理位置及气候环境特征

该变电站处于城市大气环境，变电站附近有养猪场、垃圾处理点，空气中有难闻的臭味，变电站大气环境中 NH_3、H_2S 等气体浓度高。

3.2.2 调查对象的腐蚀情况

1. 宏观腐蚀情况分析

所有配电箱内均设有网孔袋包装的干燥剂若干包，干燥剂初步判断为不变色硅胶，投运后没有进行定期更换；端子箱门框、门内壁设橡胶密封条，部分箱体门框、门内密封条脱落；端子箱内均较为潮湿，在密封电缆的阻火泥上能见明显水迹。

在腐蚀较为严重的配电箱内，电缆屏蔽线腐蚀断裂点主要分布在裸露电缆弧度最低处、阻火泥与电缆连接处、裸露电缆下端等容易发生结露、积水处。腐蚀产物为绿色和白色粉末混合物，以白色为主，并包裹有断线在内。

2. 微观腐蚀性能分析

1）腐蚀产物成分分析

利用 X 射线衍射（X-ray diffraction，XRD）对腐蚀产物进行分析，样品表面腐蚀产物主要为 $Al(OH)_3$，另外有少量 $AlO(OH)$，同时还探测到少量 Cu，样品腐蚀产物主要为 $Al(OH)_3$ 和 $AlO(OH)$，腐蚀样品中难以检测到未被腐蚀的 Al 本体。

2）扫描电镜形貌和能谱分析

利用扫描电镜背散射模式和二次电子模式分别对二次电缆横截面进行观察，在断面可明显观察到该线缆芯部和边缘的材质存在明显差别（图 3-6），利用扫描电镜能谱分析可知（表 3-2），芯部成分为纯铝，边缘为极薄的铜层，铜层厚度小于 5 μm，因此可确定发生腐蚀的二次电缆使用的为铜包铝材质。

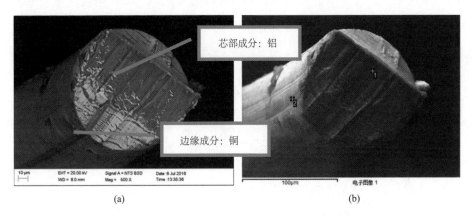

图 3-6　腐蚀漏油（左）和腐蚀未漏油（右）取油管的横截面照片
(a) 背散射像；(b) 二次电子像

表 3-2　扫描电镜能谱成分分析结果（%，质量分数）

测点	Al	Cu
芯部	99.94	0.06
边缘	20.18	79.82

3. 腐蚀原因分析

铜包铝线具有密度小、导电及导热性能好、经济、柔软的优点[11]。配电箱内环境恶劣，湿度大，铜包铝屏蔽线表面会因毛细现象形成液膜，为腐蚀发生提供了液膜电解质环境。腐蚀断裂点一般发生在水汽最易结露沉积处。尽管采取了相应的防潮防湿措施(配电箱门框及门上设有密封条;配有干燥剂;阻火泥封堵等)，但效果欠佳。大气中含有可导致金属腐蚀的 H_2S、SO_2、NO_2、CO_2、N_2O 等酸性气体及 NH_3，还含有 NaCl、灰尘等微小固体杂质颗粒，这些气体分子和微小杂质颗粒会吸附溶解在屏蔽线表面的液膜中，导致腐蚀发生，并使得腐蚀发生过程中产生的腐蚀产物保护膜疏松，腐蚀加剧。

根据材质、环境、腐蚀产物成分、腐蚀形态等分析结果，可划分铜包铝屏蔽线腐蚀机理过程为：外层铜腐蚀—外层铜裂纹产生（露铝）—铜铝间电化学腐蚀—腐蚀加速（屏蔽线断裂）。完整的铜在大气中能形成一层绿色腐蚀产物保护膜（铜绿）。但是当铜外层液膜中吸收到 SO_2、NO_2、NH_3、NaCl 等气体分子或杂质时，铜绿保护膜会被腐蚀破坏。此外，由于铜包铝线加工阶段，拉拔产生裂纹，或者屏蔽线"编辫子"时，受外力形变导致外侧铜层产生裂纹，发生漏铝，导致铜铝之间的电化学腐蚀发生[12]，最后在外界潮湿环境作用下，二次电缆严重腐蚀甚至发生断裂故障。

3.2.3　结论和建议

1. 腐蚀情况总结

二次电缆屏蔽线采用铜包铝线是导致腐蚀发生的主要原因。铜包铝线电缆屏蔽层在重腐蚀和潮湿环境下腐蚀防护能力较差，不能代替纯铜线缆作为屏蔽层使用。

2. 选材、防护技术建议

（1）调查全省配电箱屏蔽线材质状况，对还没有发生腐蚀的铜包铝屏蔽线采用合适的接线方式和防止腐蚀工艺进行保护。

（2）对于现有的已经发生腐蚀的屏蔽线采取铜线替代更换。

（3）提高配电箱的密封性，及时更换干燥剂，降低配电箱中大气湿度，可以有效防止屏蔽线腐蚀。

3.3　220 kV 变电站刀闸操作机构腐蚀案例

3.3.1　背景介绍

1. 腐蚀调查的对象介绍

设备类别：【变电站】【刀闸操作机构】

投产日期：2007 年 5 月

材料类型：碳钢

服役环境：城市大气

防护措施：镀锌/防腐涂料

220 kV 变电站位于四川省成都市双流区，2007 年投运，大气腐蚀等级为 D 级，大气类型为城市大气。刀闸操作机构材质为镀锌钢，2014 年首次防腐，在镀锌层表面涂刷防腐涂料。调查中发现 110 kV 场地刀闸操作机构出现了不同程度的防腐漆脱皮现象，典型腐蚀部位见图 3-7。

图 3-7　腐蚀现场照片

2. 调查对象的所处地理位置及气候环境特征

该变电站所在位置大气腐蚀等级为 D 级，大气类型为城市大气。

3.3.2　调查对象的腐蚀情况

1. 宏观腐蚀情况分析

1）镀锌层厚度检测

使用磁性涂镀层测厚仪对刀闸操作机构剩余镀锌层厚度进行检测，结果为 4.9～12.3 μm，镀锌层厚度不符合 GB/T 2694—2010《输电线路铁塔制造技术条件》[13]、GB/T 13912—2002《金属覆盖层　钢铁制件热浸镀锌层　技术要求及试验方法》[14]、DL/T 1424—2015《电网金属技术监督规程》[15]中热浸镀锌钢镀层厚度最小值 70 μm、最小平均值 86 μm 的要求。

2）防腐涂层厚度、附着力检测

使用磁性涂镀层测厚仪对刀闸操作机构防腐涂层厚度进行检测，结果为 159～376 μm，符合 DL/T 1425—2015《变电站金属材料腐蚀防护技术导则》[15]中防腐涂层厚度不低于 120 μm 的要求。但划格法检测附着力为 5 级（最差等级），不符合 DL/T 1425—2015《变电站金属材料腐蚀防护技术导则》[15]中防腐涂层附着力不低于 1 级的要求。依据 DL/T 1554—2016《接地网土壤腐蚀性评价导则》[16]对该变电站接地扁钢样品进行了腐蚀性评价。其腐蚀速率为 8.733 g/（dm²·a），该变电站土壤对接地扁钢的腐蚀性评价结果为强腐蚀性，有必要对变电站接地网进行防腐改造。

3）防腐涂层剥离

对防腐涂层进行剥离，未发现底漆、中间漆、面漆的区分，判断为后期防腐使用同一种涂料进行了多次涂刷，不符合 DL/T 1453—2015《输电线路铁塔防腐蚀保护涂装》[2]中底漆、中间漆、面漆三层涂层配套体系的要求。同时发现腐蚀由内向外发展，原因是初始构件发生腐蚀后，边缘棱角多，难以彻底除锈，造成后续防腐涂料附着力差，发生涂层起皮脱落现象。

2. 微观腐蚀性能分析

使用X射线荧光光谱仪对刀闸操作机构防腐涂层和涂层下的镀锌层进行成分分析，结果见表 3-3。防腐涂层 Al 含量高达 70.06%，说明后期进行防腐处理时，使用了银粉漆，银粉漆的主要成分为铝粉，与镀锌层和锈层的相容性不好，且耐候性不好，容易起皮脱落[17]。防腐涂层剥离后下层的镀锌层 Fe 含量高达 83.60%，而 Zn 含量只有 0.42%，说明基体上原有的镀锌层已接近完全消耗，无法起到对碳钢基体的保护作用。此外，检测出的 Si 和 Ti 元素有可能来源于防腐涂料的填料 SiO_2、TiO_2 等。

表 3-3　刀闸操作机构防腐涂层和镀锌层成分分析结果（质量分数，%）

	Fe	Al	Si	Ti	Zn
防腐涂层	14.50	70.06	8.43	4.47	1.77
镀锌层	83.60	3.94	11.31	0.27	0.42

3. 腐蚀原因分析

引起刀闸操作机构发生腐蚀的主要原因如下：

（1）220 kV 变电站位于四川省成都市，气候潮湿多雨，所处的城市大气环境污染较严重，污染物主要为氮氧化物、颗粒物（PM 2.5、PM 10）、二氧化硫和有机污染物，都会加剧金属腐蚀。

（2）前期的设计和物资采购阶段对刀闸操作机构镀锌层厚度未作出明确要求。厂家无法提供镀锌层厚度的出厂检验报告，因此认为厂家缺乏防腐质量管控手段。运行 10 年后镀锌层厚度仅剩 4.9～12.3 μm，远远低于 DL/T 1424—2015《电网金属技术监督规程》[3]、GB/T 2694—2010《输电线路铁塔制造技术条件》[13]、GB/T 13912—2002《金属覆盖层　钢铁制件热浸镀锌层　技术要求及试验方法》[14]标准中规定的钢结构件热浸镀锌层的最小厚度要求，无法起到对碳钢基体的保护作用。

（3）后期防腐缺乏选材及防腐设计，涂层体系设计不合理，未按 DL/T 1453—

2015《输电线路铁塔防腐蚀保护涂装》[2]标准要求执行底漆、中间漆、面漆三层涂层配套体系，直接涂刷了银粉漆，而不是与镀锌层结合良好的环氧富锌底漆，致使涂层与基体表面的镀锌层和锈层不相容，加上涂层耐候性不好，导致涂层鼓泡开裂。

3.3.3　结论和建议

1. 腐蚀情况总结

刀闸操作机构结构复杂，易发生积水，且操作机构活动多，易造成镀锌层和防腐涂层磨损。初始构件发生腐蚀后，由于边缘棱角多，难以彻底除锈，直接在锈层上涂刷涂料，造成后续防腐涂料附着力不合格，发生涂层起皮脱落现象。防腐涂层局部破损时，将形成孔隙积水吸潮，并发生膜下腐蚀，进而加快碳钢的腐蚀速率，并以缺陷为中心扩展。

2. 选材、防护技术建议

（1）刀闸操作机构表面后期防腐处理银粉漆选用不当，全部铲除，打磨除锈至碳钢基体有金属光泽后，涂刷环氧富锌底漆、环氧云铁中间漆、丙烯酸聚氨酯面漆三层防护涂层，干膜总厚度应达到 DL/T 1425—2015《变电站金属材料腐蚀防护技术导则》[15]规定的 120 μm 以上，并注意边缘棱角及缝隙部位的涂刷。

（2）建议在到货验收阶段，加强对新出厂刀闸操作机构镀锌层质量检测，按 DL/T 1424—2015《电网金属技术监督规程》[3]、GB/T 2694—2010《输电线路铁塔制造技术条件》[13]、GB/T 13912—2002《金属覆盖层　钢铁制件热浸镀锌层　技术要求及试验方法》[14]标准执行，确保初始防腐质量合格。

3.4　220kV 变电站钢管杆镀锌层质量缺陷

3.4.1　背景介绍

1. 腐蚀调查的对象介绍

设备类别：【变电站】【构支架】

投产日期：2016 年 3 月

材料类型：碳钢

服役环境：农村大气环境

防护措施：镀锌

2015 年 10 月，220 kV 变电站投运。调研发现构支架镀锌质量缺陷，如图 3-8 所示。

图 3-8　腐蚀现场照片

2. 调查对象的所处地理位置及气候环境特征

220 kV 变电站位于四川省内江市资中县境内，大气类型为农村大气环境。

3.4.2　调查对象的腐蚀情况

1. 宏观腐蚀情况分析

镀锌质量缺陷主要表现为镀锌层起皮、镀锌层脱落、有锈蚀点、镀锌外表产生花纹、镀锌层无光泽、毛刺多等，如图 3-9 所示。

图 3-9　镀锌层表面严重锈蚀

2. 微观腐蚀性能分析

按照 DL/T 1425—2015《变电站金属材料腐蚀防护技术导则》[15]等技术规程和所签订的技术协议进行抽样检测，用涂镀层测厚仪和数显卡尺对镀锌层厚度进行了检测，厚度最小值为 91 μm，基本满足要求：镀件厚度满足厚度≥5 mm 时，镀锌层厚度最小平均值≥86 μm，且厚度最小值≥70 μm；构支架涂层厚度为 91～

341 μm 且呈不均匀分布，离散度较大，现场表现出厚度严重不均的特点；表面出现严重的"积锌、结瘤、毛刺"现象，体现出镀锌质量较差的特点。

3. 腐蚀原因分析

分析腐蚀原因是镀锌层起皮、镀锌层脱落、有锈蚀点、镀锌外表产生花纹、镀锌层无光泽、毛刺多。

3.4.3　结论和建议

1. 腐蚀情况总结

腐蚀是由厂家的质量问题造成，涂层质量不合格，要按标准进行整改处理。

2. 选材、防护技术建议

（1）建议在全省公司范围内核查同类型、同厂家、同批次的镀锌钢管杆到货情况，加大设备质量检验的力度。

（2）开展规范输变电构支架安装前的质量检测工作，严格执行 GB/T 2694—2010《输电线路铁塔制造技术条件》[13]及 GB/T 13912—2002《金属覆盖层　钢铁制件热浸镀锌层　技术要求及试验方法》[14]要求：当镀件厚度≥5 mm 时，镀锌层平均厚度≥86 μm，最小厚度≥70 μm；当镀件厚度＜5 mm 时，镀锌层平均厚度≥65 μm，最小厚度≥55 μm。未经抽检合格的设备或部件严禁安装。

（3）镀锌层外观质量应符合 GB/T 2694—2010《输电线路铁塔制造技术条件》[13]及 GB/T 13912—2002《金属覆盖层　钢铁制件热浸镀锌层　技术要求及试验方法》[14]要求：镀锌层表面应连续完整，并具有实用性光滑，不得有过酸洗、漏镀、结瘤、积锌、锐点、淌黄水等使用上有害的缺陷。

第4章 110 kV 变电站腐蚀案例

4.1 110 kV 变电站隔离开关触头腐蚀案例

4.1.1 背景介绍

1. 腐蚀调查的对象介绍

设备类别：【变电站】【隔离开关触头】
投产日期：1991 年 5 月
材料类型：铜
服役环境：工业污染
防护措施：镀银

110 kV 变电站位于四川省泸州市龙马潭区，1991 年投运，大气污秽等级为 E 级，大气类型为工业污染大气。2013 年更换隔离开关触头，防腐措施为铜镀银。调研发现 110 kV 隔离开关触头腐蚀严重。典型腐蚀部位见图 4-1。

图 4-1 110 kV 隔离开关触头腐蚀现场照片

2. 调查对象的所处地理位置及气候环境特征

该变电站所在位置大气污秽等级为 E 级，大气类型为工业污染大气。

4.1.2　调查对象的腐蚀情况

1. 宏观腐蚀情况分析

触头表面有大量机械划痕。靠近指端的开关开合工作面划痕较多，为开关开合过程中产生。靠近根部也有一些划痕，该处一般为非开合工作面，应该为运输、保存、安装过程中产生的划痕。

2. 微观腐蚀性能分析

1）成分分析

使用 X 射线荧光光谱仪对隔离开关触头镀银层不同颜色区域及铜基体进行成分分析，结果见表 4-1。银白色区域成分分析发现 Ag 含量为 91.48%，Cu 含量 1.83%，Sn 含量 5.71%，铜是基体，根据银锡比例推测镀层为银氧化锡（$AgSnO_2$），是第二相 SnO_2 颗粒弥散分布于银基体中的金属基复合材料，该镀层不符合 DL/T 486—2010《高压交流隔离开关和接地开关》[18]、DL/T 1424—2015《电网金属技术监督规程》[3]标准中规定的隔离开关触头应镀银的要求。黑色区域成分分析发现 Ag 含量降为 75.33%，Cu 含量升高为 6.87%，Sn 含量升高为 16.50%，这是因为银氧化锡镀层中的 Ag 会与空气中的 SO_2、H_2S 等含硫化合物反应生成黑色的腐蚀产物 β-Ag_2S 及 Ag_2SO_3，随着反应的进行，银氧化锡镀层表面颜色也逐渐由银白色向深灰色及黑色发展。绿色区域成分分析发现 Cu 含量上升为 82.31%，Ag 已检测不到，Sn 含量为 16.67%，结果表明银氧化锡镀层中 Ag 的腐蚀产物发黑脱落后，镀层中分散的 SnO_2 无法保护铜基体，铜在潮湿环境下与空气中的 O_2、CO_2、H_2O 反应生成绿色的碱式碳酸铜 Cu_2（OH）$_2CO_3$（俗称铜绿）。打磨后的铜基体成分分析发现含有 99.72% 的 Cu，0.15% 的 Sn，说明隔离开关触头基体为纯铜，检出的少量 Sn 来源于残余的镀层。

表 4-1　隔离开关触头镀银层及铜基体成分分析结果（质量分数，%）

	Cu	Ag	Fe	Sn	Mo	Zn
镀银层银白色区域	1.83	91.48	—	5.71	—	—
镀银层黑色区域	6.87	75.33	0.91	16.50	—	0.40
镀银层绿色区域	82.31	—	—	16.67	—	—
打磨后的铜基体	99.72	—	—	0.15	—	—

2）镀银层厚度

使用 X 射线荧光光谱仪对隔离开关触头镀银层厚度进行检测，银白色区域镀银层厚度 23.953 μm，黑色区域厚度 16.885 μm，绿色区域厚度 0，说明随着腐蚀反应的发生，镀银层逐渐被消耗，直至完全损失。DL/T 486—2010《高压交流隔离开关和接地开关》[18]、DL/T 1424—2015《电网金属技术监督规程》[3]标准中规定的镀银层厚度不应小于 20 μm。为节约成本，厂家常见的造假手段是镀锡或少镀银，通过 X 射线荧光光谱仪进行镀银层测厚可以直接发现。本次在国网四川省电力公司首次发现用银氧化锡镀层代替镀银层的造假手段，通过颜色判断和镀银层测厚无法发现，银氧化锡触头因为电导率较纯银低，主要用于低压电器，若用于高压隔离开关，大电流下触头很容易发热，引起安全隐患[19]。如果不先使用 X 射线荧光光谱仪对隔离开关触头镀银层成分进行分析，而直接进行镀银层厚度测试，很容易因测得镀银层厚度合格而误判。

3. 腐蚀原因分析

引起隔离开关触头发生腐蚀的主要原因如下：

（1）110 kV 变电站大气环境潮湿，工业污染严重，附近有北方化工、鑫福化工、武骏玻璃等污染源，空气中 SO_2、H_2S 等硫化物浓度较高，在工业含硫大气环境中，镀银层易被 SO_2、H_2S 等硫化物腐蚀，造成镀银层发黑脱落，失去保护的铜基体在潮湿环境下腐蚀生成碱式碳酸铜（俗称铜绿）。

（2）设计和物资采购阶段对隔离开关触头的材质、镀银层厚度未作出明确要求，且厂家无法提供隔离开关触头镀银层质量依据标准和出厂检验报告，经实测镀层不是银，为银氧化锡镀层，不符合 DL/T 486—2010《高压交流隔离开关和接地开关》[18]、DL/T 1424—2015《电网金属技术监督规程》[3]标准中规定的隔离开关触头应镀银的要求。

4.1.3　结论和建议

1. 腐蚀情况总结

隔离开关触头用银氧化锡镀层代替镀银层的造假手段，通过外观观察和镀银层测厚无法发现，可以通过 X 射线荧光光谱仪进行成分分析发现。银氧化锡触头因为电导率较纯银低，主要用于低压电器，若用于高压隔离开关，大电流下触头很容易发热，引起安全隐患。

2. 选材、防护技术建议

（1）检出的使用银氧化锡镀层代替镀银层的隔离开关触头同批次全部更换，

消除安全隐患。

（2）加强对新建工程隔离开关触头镀银层检测，必须进行镀层成分分析和镀银层厚度两项检测，均合格方可入网。

4.2　110 kV 变电站接地网腐蚀案例

4.2.1　背景介绍

1. 腐蚀调查的对象介绍

设备类别：【变电站】【接地网】

投产日期：2007 年 5 月

材料类型：Q235 碳钢

服役环境：酸性红壤

防护措施：无

某 110 kV 变电站接地网腐蚀严重，特别是引下线埋地部分锈蚀非常严重，有的区域剩余厚度不足 2 mm，随时都有断裂的风险。现场随机抽取一根引下线，测得其地表端自然腐蚀电位为 − 0.37 V，现场相关照片如图 4-2 所示。

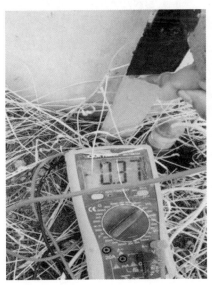

图 4-2　腐蚀现场照片

2. 调查对象的气候环境特征

服役环境：酸性红壤。

4.2.2 调查对象的腐蚀情况

1. 宏观腐蚀情况分析

1）变电站接地体取样

为了对现场的接地体腐蚀状况及腐蚀机理进行更为准确及深入的研究，在现场截取长度约为 20 cm 的接地体材料。由于土壤腐蚀性的研究对象是处于基本上同一水平的土壤，因此，截取水平接地体材料而不是垂直接地体材料。在截取过程中，尽量保持接地体原有的表面形貌。在截取完成后，对接地体进行复原焊接以保证接地网安全使用。完成接地体的焊接后进行土壤的回填复原工作。现场取样照片见图 4-3。

图 4-3　现场取样照片

2）土壤腐蚀性评价

依据 DL/T 1554—2016《接地网土壤腐蚀性评价导则》[16]对该变电站接地扁钢样品进行了腐蚀性评价（表 4-2）。其腐蚀速率为 8.733 g/（dm^2·a），该变电站土壤对接地扁钢的腐蚀性评价结果为强腐蚀性，有必要对变电站接地网进行防腐改造。

表 4-2　腐蚀性评价

理论形状 /mm	使用年限 /a	清洗后质量/g	试样理论初始质量/g	失重质量/g	腐蚀速率 /[g/（dm^2·a）]	腐蚀评估结果
20×40×4	8	12.9	25.1968	0.2192	8.733	强

2. 微观腐蚀性能分析

1）腐蚀产物表征分析

采用 X 射线衍射仪对得到的接地扁钢表面进行分析（图 4-4）。由于土壤黏附，腐蚀产物与土壤结合紧密，XRD 分析出来有土壤成分，主要体现为分析结果含有 $CaCO_3$；由于接地材料腐蚀比较严重，镀锌层已经消失，腐蚀产物主要是铁的氧化物，包括 Fe_2O_3、Fe_3O_4、$FeO(OH)$。

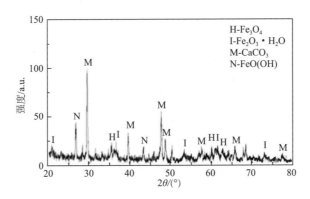

图 4-4　腐蚀产物成分分析

2）微观形貌分析

采用扫描电镜和能谱仪对接地扁钢表面截面进行形貌和能谱分析，结果如图 4-5 所示。可以看出，服役多年后，接地网材料表面形成覆盖腐蚀产物层，从表面形貌可以看出，土壤与接地扁钢的黏附紧密，腐蚀产物为单层。通过对腐蚀产物能谱分析可以看出，除了 Fe、O 外，腐蚀产物层中有 Cl 元素。

图 4-5　表面形貌图和微观腐蚀产物图（a）及能谱（b）

3. 腐蚀原因分析

该变电站内土壤为强腐蚀性土壤，所选材料为普通镀锌 Q235 碳钢，难以耐受土壤腐蚀，造成变电站内接地网和接地引下线有失效风险。

4.2.3　结论和建议

1. 腐蚀情况总结

该变电站内土壤为强腐蚀性土壤，所选材料为普通镀锌 Q235 碳钢，难以耐受土壤腐蚀，造成变电站内接地网和接地引下线有失效风险。

2. 选材、防护技术建议

（1）加强变电站接地电阻和导通测试跟踪，缩短变电站接地网开挖检查周期，条件允许时，进行接地网改造，选用耐蚀性强的铜、铜覆钢、不锈钢等接地材料，或采用阴极保护技术进行防腐保护。

（2）对腐蚀严重的接地引下线进行更换，重点做好接地引下线埋地 20 cm 深度的隔离防腐工作，可用涂料或水泥封装处理。

4.3　110 kV 变电站接地引下线腐蚀案例

4.3.1　背景介绍

1. 腐蚀调查的对象介绍

设备类别：【变电站】【接地引下线】

图 4-6　腐蚀现场照片

投产日期：1991 年 5 月

材料类型：扁钢

服役环境：酸性土壤

防护措施：涂料

110 kV 变电站位于四川省泸州市龙马潭区，土壤类型为酸性土壤。接地网始建于 1991 年，接地引下线使用的材料为 40 mm×5 mm 的扁钢，2013 年，接地引下线整体更换改造，材质为镀锌扁钢，2013 年在表面涂刷涂料。调研发现开关场接地引下线腐蚀严重。典型腐蚀部位见图 4-6。

2. 调查对象的所处地理位置及气候环境特征

110 kV 变电站位于四川省泸州市龙马潭区，土壤类型为酸性土壤。

4.3.2　调查对象的腐蚀情况

1. 宏观腐蚀情况分析

观察接地引下线，扁钢在空气和土壤的交界处发生严重腐蚀，已接近锈断。使用游标卡尺测量扁钢的减薄尺寸，腐蚀最严重处宽度由 40.0 mm 减小到 14.1 mm，厚度由 5.0 mm 减小到 2.0 mm，基体金属腐蚀剩余宽度降至原规格尺寸的 35.3%，剩余厚度降至原规格尺寸的 40.0%。

2. 微观腐蚀性能分析

1）镀锌层厚度检测

对锈蚀的接地引下线进行观察，其外表面镀锌层已完全脱落，表面严重锈蚀，产生大量铁锈将接地引下线本体包裹，铁锈覆盖厚度达到 1～2 mm。所以镀锌层厚度为 0，镀锌层厚度不符合 DL/T 1342—2014《电气接地工程用材料及连接件》[20]中热浸镀锌钢镀层厚度最小值 70 μm、最小平均值 85 μm 的要求。

2）防腐涂层厚度检测

使用磁性涂镀层测厚仪对接地引下线上方防腐涂层厚度进行检测，结果为 55.1～72.8 μm，腐蚀最严重的接地引下线在空气和土壤的交界处已无防腐涂层。防腐涂层厚度不符合 DL/T 1425—2015《变电站金属材料腐蚀防护技术导则》[15]中防腐涂层厚度不低于 120 μm 的要求。

3. 腐蚀原因分析

引起隔离开关触头发生腐蚀的主要原因如下：

（1）110 kV 变电站所处的四川省泸州市大气环境潮湿，工业污染严重，根据四川省环境保护厅数据，四川省泸州市近年来的酸雨 pH 值在 5 以下，其具有严重腐蚀性，且接地网土壤为酸性土壤，腐蚀性较强。

（2）发生腐蚀的部位在接地引下线的镀锌扁钢连接处，由于在焊接过程中焊接点的镀锌层被破坏，碳钢基体失去保护。此处也是接地引下线在空气和土壤的交界处，地势低洼易积水，处于接地引下线入地的气—水—土三相交汇区，容易形成氧浓差电池[21]，在空气和土壤的交界处发生电化学腐蚀。

（3）设计和物资采购阶段对接地引下线镀锌层厚度未作出明确要求，且厂家未对镀锌层厚度做相关规定和检测，因此认为厂家缺乏质量管控手段。运行 4 年后镀锌层已完全脱落，不符合 DL/T 1342—2014《电气接地工程用材料及连接件》[20]中热浸镀锌层厚度最小值 70 μm、最小平均值 85 μm 的要求。

4.3.3　结论和建议

1. 腐蚀情况总结

对接地引下线的后期防腐缺乏选材及防腐设计，防腐涂层厚度低于 DL/T 1425—2015《变电站金属材料腐蚀防护技术导则》[15]中防腐涂层厚度 120 μm 的要求，使防腐涂层对接地引下线的防护效果不佳。腐蚀最严重的接地引下线在空气和土壤的交界处已无防腐涂层存在，碳钢基体被严重腐蚀，接近锈断。

2. 选材、防护技术建议

（1）排查该站所有接地引下线，出现类似问题的全部更换，采用镀锌钢应符合 DL/T 1342—2014《电气接地工程用材料及连接件》[20]标准规定的热浸镀锌层厚度最小值 70 μm、最小平均值 85 μm 的要求。

（2）接地引下线垂直部分的地上和地下部分，尤其是入地的气—水—土三相交汇区，焊接部位外侧 100 mm 范围内应进行防腐处理，采用环氧富锌底漆、环氧云铁中间漆、丙烯酸聚氨酯面漆三层防护涂层，防腐涂层厚度应符合 DL/T 1425—2015《变电站金属材料腐蚀防护技术导则》[15]中防腐涂层厚度不低于 120 μm 的要求。

第5章 成都市通信基站及景观桥腐蚀调查

5.1 双流区正兴街道通信基站腐蚀调查

5.1.1 背景介绍

1. 腐蚀调查的对象介绍

2022年6月1日，电信科学技术第五研究所有限公司潘吉林等对四川省成都市双流区正兴街道通信基站开展腐蚀调查，该基站运行年限超过15年，是正兴街道全部移动通信网络的发起站点，属于成都双流区重要通信节点。

该基站通信铁塔主材、附件和连接螺栓均采用镀锌钢材质，钢材局部腐蚀后采用涂层方式维修。

2. 调查对象的所处地理位置及气候环境特征

双流区正兴街道属四川盆地亚热带湿润季风气候区，四季分明，气候温和。

5.1.2 调查对象的腐蚀情况

1. 宏观腐蚀情况分析

从现场图片（图5-1）可清晰地看到整塔从塔基到塔顶均存在明显的材料锈蚀或腐蚀情况。首先，塔基钢构及连接螺栓严重锈蚀，运维过程中喷涂的漆层发生老化剥落现象，部分螺栓完全锈蚀，无法松动（图5-2）。其次，塔身的主材和主连接板也发生了明显锈蚀（图5-3）。另外，铁塔斜材发生了更为严重的锈蚀（图5-4），目测锈蚀覆盖面超过50%，最大锈蚀深度超过2 mm，部分斜材存在锈穿的可能，严重削弱了塔身的整体刚度，主、斜材的连接钢板与螺栓同样出现严重锈蚀现象，在防锈处理后，涂层出现了粉化剥落（图5-5）。

图5-1 成都双流正兴基站铁塔全貌
（降高之后）

图 5-2　铁塔塔基钢构及螺栓腐蚀情况

图 5-3　铁塔主材及主连接板锈蚀情况

图 5-4　铁塔斜材锈蚀情况

图 5-5　铁塔主、斜材连接件防锈处理后的涂层腐蚀情况

2. 腐蚀原因分析

经初步分析，高湿度、大降雨量和富含碳氧、氮氧化物的大气环境是该铁塔锈蚀严重的直接原因，塔材镀锌层厚度不够、镀锌质量不足（特别是斜材、螺栓及主斜材连接板）或不适用于该地区特殊腐蚀环境是次要原因。

5.1.3　结论和建议

1. 腐蚀情况总结

鉴于该铁塔的重要性和锈蚀状况，即使进行了降高处理，仍然存在一定的安全隐患。

2. 选材、防护技术建议

建议对明显锈蚀承力部件进行除锈后喷涂耐候涂层处理，同时对铁塔的腐蚀情况进行持续密切跟踪监测，并对塔材的耐久性和使用寿命进行科学评估。

5.2　新都区桂湖街道毗河绿道景观桥腐蚀调查

5.2.1　背景介绍

1. 腐蚀调查的对象介绍

2024 年 3 月 9 日，电信科学技术第五研究所有限公司李伟光等对四川省成都市新都区桂湖街道毗河绿道景观桥钢结构桥梁开展腐蚀调查，该桥梁于 2019 年 3 月建成并正式投入使用。

该桥梁主体结构采用钢结构、连接方式为焊接，外表面防护措施采用涂层防护方式。

2. 调查对象的所处地理位置及气候环境特征

成都市新都区桂湖街道地处四川盆地亚热带湿润气候区，气候温和、雨量充足、四季分明，年平均气温 17.5℃左右；毗河绿道景观桥所在位置为毗河和锦水河的交汇地带，空气湿度大。

5.2.2　调查对象的腐蚀情况

1. 宏观腐蚀情况分析

该景观桥整体状况一般，投入使用 5 年时间后，出现不同程度腐蚀问题。

（1）桥梁在设计时有排水管道，随着使用时间延长，桥面部分部位沉降和出现裂缝,桥面积水部分直接渗透至桥下钢结构横梁和立柱位置,导致横梁和立柱焊接部位最先发生腐蚀,局部已有腐蚀孔洞[22],见图5-6和图5-7。

图5-6 景观桥横梁位置发生腐蚀

图5-7 景观桥焊接位置发生腐蚀

(2)横梁和钢结构涂层随着服役时间延长,发生老化,屏蔽能力下降,导致涂层下钢结构发生腐蚀,腐蚀产生的铁锈体积膨胀,加速涂层破坏,见图5-8。

(3)涂层耐候性和耐水性不足,涂层发生鼓泡、粉化和开裂等现象,见图5-9。

(4)涂层维护时未进行表面处理直接涂刷,且采用涂层性能不足,新维护涂层直接脱落,见图5-10。

图 5-8　景观桥立柱位置涂层锈蚀

图 5-9　景观桥立柱位置涂层开裂、鼓泡、锈蚀

图 5-10　景观桥立柱维修后涂层脱落

2. 腐蚀原因分析

经初步分析，主要腐蚀原因如下：

（1）工艺设计方面，未充分考虑桥面沉降等因素导致桥面积水直接渗入桥底横梁位置，导致钢结构和桥梁横梁位置与水直接接触；

（2）施工工艺方面，该桥梁钢结构焊接部位焊接完成后，未对焊缝位置表面处理，焊接部位焊渣、毛刺等缺陷残留；

（3）钢结构涂层耐候性和屏蔽性不足，涂层处于潮湿环境中而过早失效；

（4）涂层维护时未进行彻底的表面处理，清除附着不牢铁锈和杂物，导致维修涂层过早脱落。

5.2.3　结论和建议

1. 腐蚀情况总结

该景观桥总体腐蚀情况需要引起关注，特别是焊缝位置、缝隙位置、立柱接地位置，存在腐蚀隐患且具有隐蔽性。

2. 选材、防护技术建议

建议定期对钢结构桥梁进行维护，涂层施工前对钢结构进行表面处理或采用新型带锈涂装涂料，无论采用常规涂料还是新型涂料，涂料要具有一定的耐候性和屏蔽性能。立柱与底面缝隙位置采用混凝土或密封材料进行密封处理。

第6章　内江市通信设施腐蚀调查

6.1　资中县楠木寺C网基站腐蚀调查

6.1.1　背景介绍

1. 腐蚀调查的对象介绍

2022年6月18日，电信科学技术第五研究所有限公司潘吉林等对四川省资中县楠木寺的林地中通信基站开展腐蚀调查，该基站地处资中县楠木寺的林地中，为2G、3G和4G通信共用基站。

该铁塔建造时使用的为Q345高强度钢材热浸镀防护方式，镀锌层厚度70 μm左右。

2. 调查对象的所处地理位置及气候环境特征

资中县隶属四川省内江市，位于四川盆地中部，属亚热带湿润季风气候。调研基站处于资中县楠木寺的林地中，周围环境相对潮湿。

6.1.2　调查对象的腐蚀情况

1. 宏观腐蚀情况分析

现场调研过程中，可以明显看到铁塔塔身出现较为明显的大面积锈蚀现象（图6-1），部分斜材锈蚀面积接近100%，铁塔斜材发生大面积腐蚀（图6-2），铁塔基础及钢构轻微腐蚀（图6-3），铁塔拉线附件严重腐蚀（图6-4、图6-5）。

2. 腐蚀原因分析

经分析，腐蚀主要原因是铁塔处于潮湿环境中发生腐蚀。另外，潮湿环境中微生物滋生，腐蚀加剧，铁塔出现大面积锈蚀且四个基础及基础钢构均出现了轻微的青化或黑化现象。

图 6-1　四川省内江市资中县楠木寺 C 网基站铁塔

图 6-2　铁塔斜材发生大面积腐蚀

图 6-3　铁塔基础及钢构轻微腐蚀

图 6-4　铁塔通信光缆金属垂钓物严重腐蚀

图 6-5　废弃通信光缆钢芯及发电机机体严重腐蚀

6.1.3　结论和建议

1. 腐蚀情况总结

尽管得益于良好的钢材、镀锌层和基础浇筑质量,未出现明显的腐蚀现象,但其长期运行状况值得持续监测和关注,特别是该铁塔信号覆盖范围大,未来必将改造成为重要的 5G 基站,当开始布设大量 5G 通信设备时,尤其需要关注其塔身腐蚀和整体受力情况,从图 6-4 和图 6-5 中普通金属件、光缆钢芯和发电机机体的严重腐蚀情况看,该铁塔所处位置的环境腐蚀因素较为复杂和严重。

2. 选材、防护技术建议

建议持续开展腐蚀观测，并开展铁塔承载能力评估。如能满足承载要求，尽快开展防腐维护工作，并由专业技术人员指导运维，维护工作效益最大化。

6.2　东兴区居民楼楼顶通信杆塔腐蚀调查

6.2.1　背景介绍

1. 腐蚀调查的对象介绍

2022 年 6 月 18 日，电信科学技术第五研究所有限公司潘吉林等对四川省内江市东兴区居民楼楼顶通信杆塔开展腐蚀调查，该基站包含三角铁塔、门型塔和钢管杆各 1 基，安装在城区居民楼楼顶的生活区，铁塔建造时铁塔采用法兰和螺栓连接方式，杆塔为镀锌钢材质。

2. 调查对象的所处地理位置及气候环境特征

四川省内江市东兴区位于四川盆地中部，属亚热带湿润季风气候。

6.2.2　调查对象的腐蚀情况

1. 宏观腐蚀情况分析

三基杆塔均出现了塔材严重腐蚀或基础劣化的情况，见图 6-6。钢管杆底部已完全锈穿（图 6-7），对通信安全和居民生活安全造成严重威胁，急需拆除和重建。三角塔的塔身严重腐蚀，运维过程中多次喷涂的保护层已严重老化剥落，连接法兰和螺栓已完全锈成一体（图 6-8），无法松动和拆解，鉴于其严重腐蚀状况，也建议整塔拆除。门型塔的情况相对较好，但也出现较为明显的锈蚀情况，水泥基础也出现严重劣化（图 6-9），通信线缆支架同样出现钢材锈蚀和表面涂层粉化的腐蚀问题，尽管通过拉线固定后能继续服役，但考虑到后期加装 5G 通信设备，需要加强塔身的检测与维护，特别是要保障拉线质量，防止拉线锈蚀断裂。

2. 腐蚀原因分析

从现场腐蚀情况来看，潮湿环境、城市酸性排放污染物、杆塔设计寿命不足、塔材与镀锌层质量不高或技术标准与腐蚀环境不匹配是产生严重腐蚀的主要原因。

图 6-6　四川内江城区居民楼顶通信杆塔

图 6-7　钢管杆严重锈蚀

图 6-8　三角塔表面严重锈蚀、涂层粉化

图 6-9　门型塔塔身腐蚀、基础劣化

6.2.3　结论和建议

1. 腐蚀情况总结

由于该基站的建造年代久远，且在居民楼生活区，严重腐蚀后进行维护或拆除重建工作会严重影响居民正常生活秩序。

2. 选材、防护技术建议

为减少不必要的运维工作，此类杆塔建造时，尽可能考虑防腐等级较高的材料和更大安全系数的设计，并做好后期腐蚀检测与防护工作。

6.3　二水厂通信铁塔腐蚀调查

6.3.1　背景介绍

1. 腐蚀调查的对象介绍

2022 年 6 月 18 日，电信科学技术第五研究所有限公司潘吉林等对四川省内江市（东兴区）供排水总公司第二自来水厂（以下简称二水厂）通信铁塔通信杆塔开展腐蚀调查，该基站包含三角铁塔、钢管杆。

2. 调查对象的所处地理位置及气候环境特征

四川省内江市东兴区位于四川盆地中部，属亚热带湿润季风气候。

6.3.2　调查对象的腐蚀情况

1. 宏观腐蚀情况分析

从图 6-10 可以看到，四川省内江市二水厂办公大楼楼顶的三角塔出现严重锈蚀情况，基础开裂，主材根部锈穿变形，法兰整体严重腐烂，锈层已穿越防腐涂层，锈蚀深度超过 3 mm，法兰连接螺栓严重锈蚀，塔身材料锈蚀面积接近 100%，主斜材焊接处锈蚀。

图 6-10　内江市二水厂楼顶铁塔锈蚀情况
（a）整体；（b）～（d）局部细节

2. 腐蚀原因分析

主要是该地区降雨丰富，法兰缝隙、螺栓、杆塔接地部位未采取有效的措施进行密封处理，导致缝隙部位发生腐蚀[23]。

6.3.3　结论和建议

1. 腐蚀情况总结

该杆塔因腐蚀状况极为严重，承载力大幅削弱，无法通过任何维护手段来继续服役，已更换成全新的带拉线镀锌钢管杆。

2. 选材、防护技术建议

钢管桩铁塔顶部敞开，雨水和凝露容易进入内部而导致钢管桩腐蚀，需要在安装之前对钢管桩进行密封处理。安装完成后，对镀锌层破坏部位和螺栓、钢管桩接地部位进行密封处理。

6.4　资中县上马门基站铁塔腐蚀调查

6.4.1　背景介绍

1. 腐蚀调查的对象介绍

2022 年 6 月 18 日，电信科学技术第五研究所有限公司潘吉林等对四川省内江市资中县上马门基站开展腐蚀调查，该基站于 2008 年建成启用。

2. 调查对象的所处地理位置及气候环境特征

四川省内江市资中县位于四川盆地中部，属亚热带湿润季风气候，上马门基站地处典型的四川乡村环境中。

6.4.2　调查对象的腐蚀情况

1. 宏观腐蚀情况分析

从图 6-11 可以看到，铁塔塔身因选材质量高和良好的大气环境只发生轻微的腐蚀，但铁塔顶部的 3 副设备支架发生了严重锈蚀（因登高作业，不便取照），同时，塔基和塔身主斜材连接螺栓发生了大面积腐蚀。

图 6-11　四川省内江市资中县上马门通信铁塔螺栓锈蚀情况
（a）整体；（b）局部细节

2. 腐蚀原因分析

上马门基站周边是居民区和农田，工业排放少，主要腐蚀因素来自湿气和碳氧化物，环境腐蚀因素较为单一，腐蚀严酷等级低。

6.4.3　结论和建议

1. 腐蚀情况总结

从该铁塔的腐蚀情况来看，即使在良好的大气环境下，仍能发生镀锌螺栓螺帽明显腐蚀，且距离地面越近，腐蚀程度越重，长时间缺乏有效维护可能会导致螺帽无法松动的严重后果。螺栓螺帽腐蚀的主要原因是安装时镀锌层磨损而失去了防锈功能。

2. 选材、防护技术建议

铁塔连接螺栓现有的选材和维护技术指标可能不满足通信铁塔安全运行的相关规程要求，需要考虑重新设定技术指标。例如，螺栓螺帽应采取更高抗腐蚀等级的钢材生产，螺栓螺帽安装后需定期喷涂防锈液。

第7章　自贡市通信设施腐蚀调查

7.1　荣县城区通信钢管杆腐蚀调查

7.1.1　背景介绍

1. 腐蚀调查的对象介绍

2022年6月9日，电信科学技术第五研究所有限公司潘吉林等对四川省自贡市荣县环城东路地税局转盘通信基站进行腐蚀调查，该基站位于国家税务总局荣县税务局高山税务分局附近，于2005年12月竣工。

2. 调查对象的所处地理位置及气候环境特征

四川省自贡市荣县位于四川盆地南部，属亚热带季风气候，大陆性季风气候明显，四季分明。

7.1.2　调查对象的腐蚀情况

1. 宏观腐蚀情况分析

从图7-1可以看到，尽管运行期间进行了多次喷漆维护工作，钢管杆内外面仍然严重锈蚀，防护层大面积脱落。

图7-1　四川省自贡市荣县环城东路通信杆锈穿

2. 腐蚀原因分析

大环境条件温暖湿润多雨、局部环境潮湿，导致杆塔腐蚀严重。

7.1.3　结论和建议

1. 腐蚀情况总结

其承载能力大大减弱，尽管使用抱杆进行了加固，也不具备继续安全服役的条件，需要拆除更换。这类小型移动基站尽管容易更换设施设备，但明显增加了运维单位的工作量和成本支出。

2. 选材、防护技术建议

对于城区通信基站的腐蚀情况进行监测和研究，指导杆塔选材和设立维护标准仍然必要。

7.2　荣县龚家沟通信基站腐蚀调查

7.2.1　背景介绍

1. 腐蚀调查的对象介绍

2022 年 6 月 9 日，电信科学技术第五研究所有限公司潘吉林等对四川省自贡市荣县龚家沟通信基站开展腐蚀调查。

2. 调查对象的所处地理位置及气候环境特征

四川省自贡市荣县地处四川盆地南部，属亚热带季风气候，大陆性季风气候明显，四季分明。

7.2.2　调查对象的腐蚀情况

1. 宏观腐蚀情况分析

四川省自贡市荣县龚家沟通信基站的基本情况如图 7-2 所示，龚家沟基站是标准的野外通信基站，从图中可以看到，铁塔本身腐蚀情况较为轻微，表明塔材的镀锌质量较高，但铁塔基础出现了一定程度的劣化现象，表面水泥层部分粉化，其承载力和牢靠度值得研究。

图 7-2　四川省自贡市荣县龚家沟通信基站腐蚀情况

2. 腐蚀原因分析

该基站最严重的腐蚀问题是杆塔接地引下线扁铁受到地表和大气环境影响严重腐蚀，导致杆塔接地电阻值大幅上升，且存在较大的腐蚀断裂可能性。

7.2.3　结论和建议

1. 腐蚀情况总结

由于该基站地势偏高，且周边无高建筑或树木等引雷目标，在雷暴天气，接地电阻大幅增加的情况下，铁塔上的通信设施容易受到雷击而发生损坏[24]。

2. 选材、防护技术建议

接地引下线扁铁发生严重腐蚀是较为普遍的基站设施腐蚀案例，说明当前扁铁的选材和防腐处理工作未能引起重视，需要针对不同腐蚀环境进行接地扁铁选材标准差异化研究。

7.3　荣县墨林学校基站腐蚀调查

7.3.1　背景介绍

1. 腐蚀调查的对象介绍

2022 年 6 月 9 日,电信科学技术第五研究所有限公司潘吉林等对四川省自贡市荣县墨林学校基站开展腐蚀调查。

2. 调查对象的所处地理位置及气候环境特征

四川省荣县地处四川盆地南部,属亚热带季风气候,大陆性季风气候明显,四季分明。

7.3.2　调查对象的腐蚀情况

1. 宏观腐蚀情况分析

图 7-3 是四川省自贡市荣县墨林学校基站的铁塔情况,可以看到,该铁塔表面受到轻微腐蚀影响,主要集中在部分型材表面和螺栓位置处。

图 7-3　四川省荣县墨林学校基站铁塔

2. 腐蚀原因分析

大环境温暖湿润多雨，加上铁塔周围已布满爬藤植物，地面潮湿，腐蚀影响因素多（发电机房铁门和发电机遭受严重腐蚀）。

7.3.3　结论和建议

1. 腐蚀情况总结

由于该铁塔高度达到 70m，是最大的通信铁塔之一，其力学承载的安全性要求更高，需要重点关注和跟踪铁塔腐蚀状态。

2. 选材、防护技术建议

尽管目前铁塔状况良好，但腐蚀环境较为苛刻，且地处人流密集的学校内部，对这类铁塔的腐蚀情况和运行状况进行监测显得十分必要，需要定期开展腐蚀检查和力学性能评估。

第 8 章　日喀则市通信铁塔腐蚀调查

8.1　聂拉木县通信铁塔腐蚀调查

8.1.1　背景介绍

1. 腐蚀调查的对象介绍

2024 年 3 月 14 日，北京科技大学马菱薇、国网智能电网研究院有限公司黄路遥等对西藏自治区日喀则市聂拉木县周边通信基础设施及设备材料开展腐蚀调查。

该沿线通信基础设施及设备材料主体结构采用钢结构、连接方式为铆接或焊接，外表面防护措施采用涂层防护方式。

2. 调查对象的所处地理位置及气候环境特征

聂拉木县隶属于西藏自治区日喀则市，地处东经 85°27′—86°37′，北纬 27°55′—29°08′之间，喜马拉雅山与拉轨岗日山之间，东、北、西三面分别与定日、昂仁、萨嘎、吉隆四县交接，南与尼泊尔毗邻，面积 7863.92km²[25]。

聂拉木县地处喜马拉雅山区，由南至北可分为 5 个地貌类型区：喜马拉雅山南麓高山峡谷区、喜马拉雅高山区、佩枯错高原湖盆区、地堑盆地区、拉轨岗日高山区。属珠穆朗玛峰国家级自然保护区，有雪布岗和希峰两个核心保护区。最低点为中尼边境 54 号界桩，海拔仅为 1433m；最高点为海拔 8012m 的世界第十四高峰——希夏邦马峰。

聂拉木县以喜马拉雅山脉主脊线为界，可分为南、北两大气候类型区。南区以樟木镇为主的气候特征是：气温高，雨量大，年均气温在 10~20℃之间，降水量为 2000~2500 mm，无霜期 250 天左右。北区的气候特征是：高寒，干旱少雨，年均气温 3.5℃，县城至亚来乡降水量为 1100 mm。通拉山以北四乡降水量为 200~300 mm，北区无霜期 113 天。

8.1.2　调查对象的腐蚀情况

1. 宏观腐蚀情况分析

该区域通信铁塔设施及设备材料整体状况一般，如图 8-1 所示，在一些紧扣固定螺栓处出现大面积的腐蚀问题，涂层脱落、钢结构锈蚀严重。

（1）通信铁塔设备及设施主杆固定用铁圈腐蚀严重，外部涂层基本全部脱落的情况下，存在着严重的断裂风险。铁圈腐蚀严重可能导致其强度和稳定性受损，特别是在外部涂层基本全部脱落的情况下，铁圈暴露在外部环境中更容易受到氧化、侵蚀和机械损伤的影响，由于腐蚀引起的金属减薄和强度下降，铁圈的承载能力可能会急剧下降，增加了断裂的风险。一旦铁圈发生断裂，可能导致通信铁塔设备及设施主杆固定失稳甚至倒塌，给设备和周围环境带来严重安全隐患，如图 8-2 所示。

图 8-1　通信铁塔设施及设备整体情况

图 8-2　通信铁塔螺栓连接处锈蚀

（2）随着横梁和钢结构涂层服役时间延长，外部涂层的屏蔽能力会逐渐下降。这种情况下，可能导致涂层下的钢结构与螺栓之间形成电偶，从而促进了腐蚀的发生。当腐蚀产生铁锈时，铁锈体积膨胀，会加速涂层的破坏过程。随着时间的推移，腐蚀产生的铁锈不断膨胀，可能导致涂层龟裂、剥落，甚至形成锈斑，最终影响钢结构的表面质量甚至结构的安全稳定性，见图 8-3。

（3）钢结构支架的接地端直接与大地接触，接地端地上位置的涂层会受到地下和地上湿度的影响。长期暴露在潮湿环境中，外部涂层可能会发生不同程度的腐蚀。这种腐蚀会逐渐损害涂层的保护功能，导致支架表面的金属暴露在空气中，加速支架金属的氧化速率，从而减少支架的使用寿命并可能影响结构的稳定性和安全性，见图 8-4。

（4）主杆涂层涂抹不均匀和焊缝处涂层全部脱落会导致腐蚀速率增加，从而促进锈迹的产生。当涂层涂抹不均匀时，会形成涂层厚度不一致的区域，使得这些区域更容易受到外界环境的侵蚀。而焊缝处涂层脱落则直接暴露了金属表面，使其容易受到氧气、水分和其他腐蚀性物质的侵蚀，从而加速了金属的腐蚀速率。随着腐蚀的加剧，主杆表面会逐渐出现锈迹，这些锈迹不仅影响了主杆的外观美观，还可能降低主杆的承载能力和使用寿命，见图 8-5。

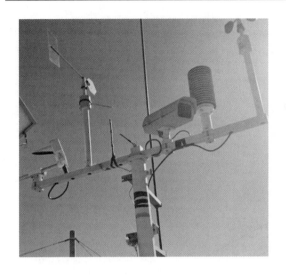

图 8-3　通信铁塔设备及设施主横杆及固定环梁涂　　图 8-4　通信设施及设备支架接地
　　　　　层脱落　　　　　　　　　　　　　　　　　　　端涂层受损

图 8-5　通信铁塔设施及设备主杆发生腐蚀

2. 腐蚀原因分析

经初步分析，主要腐蚀原因如下。

（1）该地区雨季降雨量较大，造成湿气较大，潮湿的环境会加速金属的腐蚀过程，特别是当金属表面有裂缝或损伤时腐蚀会急剧加快。

（2）在通信铁塔设施及设备安装完成后，螺栓连接位置未做表面处理，连接部位的涂层容易受损，从而导致腐蚀加重的问题进一步恶化。因此，在安装过程中，要特别关注螺栓连接位置的处理，以确保设施设备的稳固性和长期可靠性。

（3）钢结构涂层在耐候性和屏蔽性方面存在不足，主要表现在以下几个方面：首先，涂层本身的质量或施工工艺不佳，导致其耐候性不足，无法很好地抵御外部环境的侵蚀和氧化作用；其次，涂层在雨季与旱季的湿度差别较大，使得涂层容易受潮或产生腐蚀，进而过早失效，这种情况下，涂层无法有效地保护钢结构，加速了钢材的腐蚀速率，从而降低了结构的使用寿命和安全性。

（4）在涂层维护过程中，未进行彻底的表面处理，清除附着不牢的铁锈和杂物，导致维修涂层的黏附力不足，进而导致涂层过早脱落的问题，这种情况下，由于表面处理不彻底，原有的铁锈、污垢等杂物没有被有效清除，新涂层无法完全附着在基材上，容易出现起泡、开裂或剥落等情况，影响涂层的稳定性和保护效果。

8.1.3   结论和建议

1. 腐蚀情况总结

该通信铁塔设施及设备腐蚀情况需要引起关注，铁塔表面钢结构涂层在耐候性和屏蔽性方面存在不足，特别是在湿度差别大的环境中容易过早失效。同时，涂层维护时若未进行彻底的表面处理，清除不牢固的铁锈和杂物，会导致维修涂层黏附力不足，进而早期脱落。因此，重要的是选择耐候性和屏蔽性良好的涂层，并在维护过程中务必进行充分的表面处理，确保涂层稳定附着，延长使用寿命。

2. 选材、防护技术建议

针对以上问题，建议在选择涂层材料时考虑选择耐候性和耐腐蚀性能较好的涂层，如环氧树脂涂层、聚氨酯涂层或者热浸镀锌等。这些涂层具有较好的耐候性和抗腐蚀性能，能够有效保护钢结构不受外界环境侵蚀。

在进行维护时，要确保彻底清除旧涂层和表面附着的铁锈、污垢等杂物，可以采用砂轮打磨、喷砂等方法进行表面处理，使得基材表面干净平整。接着进行底漆和面漆的涂装工作，确保涂层能够牢固附着在基材上，提高涂层的耐久性和稳定性。

此外，定期检查和维护也是非常重要的，及时发现问题并进行修复，可以延长涂层的使用寿命，保护钢结构不受腐蚀影响。

8.2　拉孜县通信铁塔腐蚀调查

8.2.1　背景介绍

1. 腐蚀调查的对象介绍

2024 年 3 月 15 日，北京科技大学马菱薇、国网智能电网研究院有限公司黄路遥等对西藏自治区日喀则市拉孜县周边通信基础设施及设备材料开展腐蚀调查。

该沿线通信基础设施及设备材料主体结构采用钢结构、连接方式为铆接或焊接，外表面防护措施采用涂层防护方式。

2. 调查对象的所处地理位置及气候环境特征

拉孜县位于西藏自治区西南部，念青唐古拉山西部，处于东经 87°24′—88°22′，北纬 28°47′—29°37′之间，东连萨迦县，西南接定日县，西靠昂仁县，北邻谢通门县。拉孜县历史悠久，地域开阔，交通便利，是日喀则市西部七县必经之要塞，国道 318 线贯穿拉孜南部，拉叶（拉孜—新疆叶城）公路即 219 国道由县辖查务乡驻地起始并与 318 国道相连，向西北可经阿里至新疆叶城，两条国道在本县境内总长 122km。县驻地曲下镇东距日喀则市 150km，经日喀则至拉萨 430km，西南距樟木口岸 370km，是日喀则西部大县之一。辖区总面积 4505km²[26]。

拉孜县高原奇特多样的地形、地貌和高空空气环流等诸多因素的影响，形成了日照强烈，气温较低，温差大，雨水集中，干湿明显，冬春季少雨雪多大风的气候特点。全年气候可分为冬半年、夏半年、冬不太冷、夏不太热、日变化大、年变化小、春秋季气温升降缓慢，雨热同季，燥旱同季，冬春干燥且多大风，年平均气温为 7.0℃。绝对最高气温 28.2℃，极端最低气温 −25.1℃。因高原地形奇异多变，气候、降雨量极不稳定，全年降水量的 90%集中在 6 月至 9 月，年降水天数平均为 70 天，日最大降水量为 36.5 mm，冬春季节干旱严重，极少雨雪，全年最多风向为南风，多集中在当年十月至次年四月中旬，年平均风速为 3.1 m/s，最大风速曾达 20 m/s，由于年日照时数高，风多风大，降水偏少，气候极为干燥，相对湿度只有 40%，而空气湿度仅为 14%。常见的自然灾害有旱灾、霜灾、雹灾、虫灾、洪涝灾等，此外还有地震、泥石流等少见而危害特大的自然灾害，旱灾为危害性最大的自然灾害。

8.2.2　调查对象的腐蚀情况

1. 宏观腐蚀情况分析

该区域通信铁塔设施及设备材料整体腐蚀状况较轻，如图 8-6 所示，但在一些特殊位置仍然出现不同程度的腐蚀问题，另外部分位置出现涂层受损脱落的现象。

图 8-6 通信铁塔设施及设备整体情况

（1）本地区雨热同季，燥旱同季，通信铁塔设备及设施主要安装在山坡，且由于降雨量极少，支撑梁底部基本无积水，因此底盘并未出现轻微的腐蚀情况，但有涂层脱落的情况出现，如图 8-7 所示。

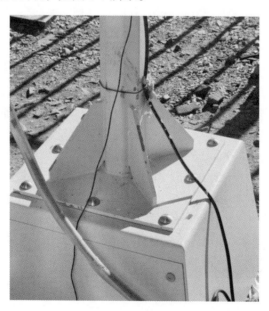

图 8-7 通信铁塔固定用底盘

（2）横梁和钢结构涂层随着服役时间的延长，会逐渐发生老化，这导致涂层的屏蔽能力下降，无法有效阻挡外界环境对钢结构的侵蚀。在通信铁塔设施及设备的焊接处，由于涂层老化和腐蚀，容易出现轻微腐蚀现象，这些腐蚀部位的铁锈体积膨胀，不仅加速了焊缝处的腐蚀破坏，还可能影响设备的安全稳定运行，见图 8-8。

图 8-8　通信铁塔设备及设施护栏焊接处发生腐蚀

（3）涂层涂抹不均匀且耐候性不足，导致外部护栏的耐蚀性急剧下降，随着设备的服役时间延长，这种情况极易造成腐蚀性断裂，尤其是在恶劣环境条件下更为明显，腐蚀性断裂会加速金属材料的损坏和破裂，直接危及结构的安全稳定性和使用寿命，见图 8-9。

图 8-9　通信设施及设备护栏表面保护涂层不均匀

（4）信号基站外箱体发生腐蚀并出现少量锈迹,这表明外部保护层已经受损,容易受到外界环境的侵蚀, 即使是少量的锈迹也可能是腐蚀问题的早期迹象, 如果不及时处理, 可能会逐渐扩大并对设备造成更严重的影响, 见图 8-10。

图 8-10　通信铁塔设施及设备保护外箱发生腐蚀

2. 腐蚀原因分析

经初步分析, 主要腐蚀原因如下:

（1）未充分考虑通信铁塔设施及设备的周边防护等因素, 可能导致外部涂层遭到人为或其他性质的破坏, 如风暴、暴雨、冰雹等极端天气条件可能对外部涂层造成损坏, 周边环境中的化学物质、工业排放物、酸雨等可能对涂层造成侵蚀和腐蚀, 恶意损坏、有意或无意的碰撞、划伤等行为可能导致涂层剥落, 在维护和操作通信设备时, 可能因操作不当或维护不及时导致对涂层的损坏。

（2）信号基站外箱体与外围防护栏发生电偶腐蚀的情况下, 接触部位的腐蚀速率往往会加快, 因为电偶效应会导致金属之间的电化学反应, 加剧了腐蚀的发生。特别是在雨雪天气下, 电偶腐蚀的影响更为显著, 当信号基站外箱体与外围防护栏发生电偶腐蚀时, 接触部位可能成为腐蚀的焦点, 腐蚀物质积累会进一步破坏涂层的保护作用, 使金属暴露在更为恶劣的环境中, 从而加重腐蚀。

（3）钢结构涂层涂抹不均可能导致涂层在一些薄弱处形成局部腐蚀点, 进而加速腐蚀扩散, 影响整体涂层的保护效果, 这种情况会使涂层过早失效, 进而影响钢结构的防腐性能和使用寿命。

（4）涂层维护时如果未进行彻底的表面处理, 清除附着不牢的铁锈和杂物,会导致维修涂层与原有涂层或基材之间的黏附力不足，从而使得维修涂层过早脱落。这种情况会加速钢结构表面的腐蚀发展，降低涂层的保护效果，影响钢结构的使用寿命。

8.2.3　结论和建议

1. 腐蚀情况总结

通信铁塔的外箱体与护栏接触位置是常见的腐蚀隐患点，因为这些接触位置容易聚集水汽和杂物，导致腐蚀加剧，另外焊接会改变金属的晶体结构，使得焊缝处容易受到腐蚀侵蚀，特别需要密切关注焊缝连接位置的腐蚀情况，同时通信铁塔的立柱接地位置容易受到潮湿环境的影响，存在着腐蚀隐患并具有一定的隐蔽性。

2. 选材、防护技术建议

在通信铁塔的设计和建造过程中，应选择耐腐蚀的材料，如不锈钢、镀锌钢等，以降低腐蚀的风险并延长设备的使用寿命。

针对焊缝连接位置、外箱体与护栏接触位置、立柱接地位置等存在腐蚀隐患的部位，可以采取定期检查、清洁和涂抹防腐涂料的措施，确保设施及设备表面的完整性和耐腐蚀性。

通过合理选材和有效的防护措施，可以降低通信铁塔设施及设备的腐蚀风险，延长其使用寿命，并确保其正常运行和安全性。

8.3　吉隆县通信铁塔腐蚀调查

8.3.1　背景介绍

1. 腐蚀调查的对象介绍

2024 年 3 月 16 日，北京科技大学马菱薇、国网智能电网研究院有限公司黄路遥等对西藏自治区日喀则市吉隆县周边通信基础设施及设备材料开展腐蚀调查。

该沿线通信基础设施及设备材料主体结构采用钢结构、连接方式为铆接或焊接，外表面防护措施采用涂层防护方式。

2. 调查对象的所处地理位置及气候环境特征

吉隆县位于西藏自治区日喀则市的西南部，地理坐标东经 84°35′—86°20′，北纬 28°3′—29°3′。南面和西南面与尼泊尔相邻，边境线长 162km，北面以雅鲁藏布江为界与萨嘎县相邻，东面与聂拉木县搭界。全境东西长约 300km，南北宽 200km 左右，全县面积 9300km²，县城驻地距日喀则市 490km，全县平均海拔在 4000m 以上，县城海拔约为 4200m[27]。

吉隆县地形地貌：北部为高原宽谷湖盆地，南部为深切级高山峡谷，大致以喜马拉雅山段至希夏邦马山峰至脊线为界，其北翼表现为南高北低，南部位于喜马拉雅山中段。一江两河（雅鲁藏布江、东林藏布河、吉隆藏布河）贯穿全境，形成极其丰富的水利资源网络。吉隆县土地大致有肥力限制型 3452.8 亩（1 亩约为 666.67 平方米），土层限制型 2248.5 亩，砾石限制型 17145.5 亩，还有风沙土、高山寒漠土、高山草甸性土、石质土等。

吉隆北部地区为藏南寒冷—温暖的半干旱高原河谷季风气候区，年平均气温为 2℃，最暖月平均气温为 10~18℃，最冷月平均气温为 – 10℃，年降水量约为 300~600 mm，属于温湿半干旱的大陆性气候区。而吉隆南部地区则为亚热带山地季风气候区，年平均气温可达 10~13℃，最暖月气温为 18℃以上，年降水量达 1000 mm 左右，年无霜冻日数在 200 天以上。

8.3.2　调查对象的腐蚀情况

1. 宏观腐蚀情况分析

该区域通信铁塔设施及设备材料整体状况较为良好，如图 8-11 所示，但在一些连接位置仍然出现不同程度的腐蚀问题。

图 8-11　通信铁塔设施及设备整体情况

（1）在安装通信铁塔设备及设施时，通常会选择山坡等高地进行安装，然而在雨季来临时，底部可能会出现存水现象，导致底盘短暂积水。这种情况容易加剧底盘的腐蚀问题，尤其是当底盘材料不耐腐蚀或未经防护时，如图 8-12 所示。

（2）横梁和钢结构涂层随着服役时间延长，发生老化的情况日益严重，导致其屏蔽能力明显下降，这种情况下，涂层下的钢结构容易受到外界环境的侵蚀，进而产生腐蚀现象，腐蚀所产生的铁锈体积不断膨胀，加速了涂层的破坏过程，从而使得钢结构更容易受到进一步的腐蚀侵蚀，见图 8-13。

图 8-12　通信铁塔固定用底盘　　　图 8-13　通信铁塔设备和设施主支撑杆及固定
　　　　　　　　　　　　　　　　　　　　环梁发生腐蚀

（3）钢结构表面涂层涂抹不均匀且耐候性和耐水性不足，容易导致涂层发生粉化，这种情况下，涂层会逐渐失去原有的附着力和保护能力，从而无法有效地阻隔外部环境对基材的侵蚀，并且在潮湿环境下容易发生脱落和粉化，见图 8-14。

（4）螺栓固定处发生腐蚀并出现少量锈迹，这可能是由环境中存在湿气、盐雾或化学物质等因素引起的，腐蚀会逐渐侵蚀螺栓表面，导致其结构受损，降低了螺栓的承载能力和固定效果，少量的锈迹也可能是腐蚀问题的早期迹象，如果不及时处理，可能会引起更严重的腐蚀损坏，见图 8-15。

图 8-14　通信设施及设备连杆位置发生腐蚀　　图 8-15　通信铁塔设施及设备螺栓处发生腐蚀

2. 腐蚀原因分析

经初步分析，主要腐蚀原因如下：

（1）由于未充分考虑通信铁塔设施及设备的安装位置等因素，在雨季积水直接积存在地势较为低凹的山坡位置，进而导致底盘钢结构与水直接接触，这种情况下，积水会长时间停留在底盘周围，加速了钢结构的腐蚀和氧化过程，降低了设备的稳定性和使用寿命。为避免这一问题，可以在设备安装后定期检查并清理底盘周围的积水，加强防护措施，如涂层保护和防水处理，以延长设备的使用寿命并保障其正常运行。

（2）在通信铁塔设施及设备安装完成后，由于未对螺栓连接位置进行表面处理，连接部位的涂层遭到破坏，这就为腐蚀提供了更多侵蚀的机会，加重了腐蚀问题的严重程度，腐蚀会逐渐蔓延至整个连接部位，损害螺栓的结构稳定性，降低了连接的可靠性和安全性，可以使用防锈涂料或镀锌等方式保护连接部位免受腐蚀侵害。

（3）钢结构涂层的耐候性和屏蔽性不足导致涂层在潮湿环境中过早失效。在恶劣的自然环境条件下，涂层承受着不同程度的氧化腐蚀，无法有效地保护钢结构免受外界侵蚀，涂层的失效会使钢结构暴露在空气和水的作用下，加速了钢材的氧化速率，从而缩短了设备的使用寿命并增加了维护成本。

（4）涂层维护时未进行彻底的表面处理，清除附着不牢的铁锈和杂物，导致维修涂层过早脱落，在进行涂层维护时，若未对表面进行充分的清洁和处理，会导致新涂层与旧表面之间的附着力不足，无法形成牢固的连接。

8.3.3 结论和建议

1. 腐蚀情况总结

钢结构涂层在潮湿环境中容易出现腐蚀问题，主要是由于涂层耐候性和屏蔽性不足以及涂层维护时未进行彻底的表面处理。这些问题会加速涂层的老化和脱落，使钢结构暴露在外界侵蚀下，缩短设备的使用寿命并增加维护成本。

2. 选材、防护技术建议

选择耐候性和耐腐蚀性良好的涂层材料、定期检查和维护涂层、彻底清洁和处理钢结构表面等措施是解决这一问题的关键步骤。综合应用这些措施，可以有效改善钢结构涂层在潮湿环境中的耐候性和屏蔽性，延长设备的使用寿命并降低维护成本。在安装过程中确保螺栓连接位置的表面处理工作得当，如使用防锈涂料或镀锌等方式保护连接部位免受腐蚀侵害。另外，在涂层遭到破坏时应及时修复涂层或更换受损的部位，以避免腐蚀继续发展。定期检查连接部位的状态，及时处理发现的腐蚀问题，可以有效延长设备的使用寿命并保证其正常运行。

8.4 定日县通信铁塔腐蚀调查

8.4.1 背景介绍

1. 腐蚀调查的对象介绍

2024 年 3 月 17 日，北京科技大学马菱薇、国网智能电网研究院有限公司黄路遥等对西藏自治区日喀则市定日县周边通信基础设施及设备材料开展腐蚀调查。

该沿线通信基础设施及设备材料主体结构采用钢结构、连接方式为铆接或焊接，外表面防护措施采用涂层防护方式。

2. 调查对象的所处地理位置及气候环境特征

定日县位于西藏自治区西南边陲，地处东经 86°20′—87°70′，北纬 27°80′—29°10′。地处喜马拉雅山脉中段北麓珠峰脚下，东邻定结、萨迦两县，西接聂拉木县，北连昂仁县；东北靠拉孜县；南与尼泊尔接壤。定日县面积 1.386 万 km^2。东西长 115km，南北宽 152km[28]。

定日县地处喜马拉雅山脉中段北麓珠峰脚下，平均海拔 5000m，属于高原温带半干旱季风气候区，昼夜温差大，气候干燥，年降雨量少，蒸发量大，日照时间长，年平均日照时间达 3393.3h，日照百分率 77%，太阳总辐射 8.489×10^5 J/cm^2。

高原紫外线强烈，气温偏低，年平均气温 2.8～3.9℃。最冷月为 1 月，平均气温 –7.4℃；最热月为 7 月，平均气温 12℃；极端最高气温 24.8℃，极端最低气温–27.7℃，年降水量为 319 mm，年最高降水量为 474.3 mm，最少降水量为 104.9 mm，降水量 95%分布在 6～10 月，年平均蒸发量 2527.3 mm，年平均风速为 58.4 m/s，全年相对无霜期为 113 天，绝对无霜期为 0 天。

定日县水域总面积 1292.35 km²，占全县土地总面积的 9.25%，主要以冰川及永久积雪为主的河、湖水面汇积。境内主要河流有朋曲及其支流扎嘎曲、彭作浦曲、热曲藏布、罗别藏布、亚纠曲、鲁鲁曲等。

8.4.2 调查对象的腐蚀情况

1. 宏观腐蚀情况分析

该区域通信铁塔设施及设备材料整体状况一般，如图 8-16 所示，部分螺栓连接位置出现不同程度的腐蚀问题。

图 8-16　通信铁塔设施及设备整体情况　　　　图 8-17　通信铁塔底盘螺栓腐蚀

（1）通信铁塔设备及设施在进行安装时，紧固螺栓部位未涂刷防护涂层，螺栓表面直接暴露在空气、水汽等环境中，易受到氧化和腐蚀的影响，螺栓部位未经防护，容易积聚腐蚀物质，进一步加剧腐蚀速率并影响连接的稳固性，如图 8-17 所示，导致其腐蚀速率加快。

（2）随着横梁和钢结构涂层服役时间延长，外部涂层发生老化，其防护能力降低，无法有效阻止腐蚀物质侵蚀钢结构表面，加速腐蚀过程，同时腐蚀产生的铁锈体积膨胀会导致原本薄弱的涂层破裂，使钢结构暴露在更多腐蚀介质中，腐蚀过程加剧，见图 8-18。

（3）涂层涂抹不均匀，耐候性和耐水性不足，会导致涂层发生鼓泡、粉化及开裂的问题。当涂层施工不均匀时，表面会出现厚薄不一的情况，使得涂层暴露于阳光、雨水等自然环境中，承受的气候变化和紫外线辐射不均，从而加速了涂层的老化和劣化，这种情况下，涂层会出现鼓泡、粉化以及开裂等现象，影响涂层的美观性和保护效果，见图 8-19。

图 8-18　通信铁塔设备及设施　　　　　图 8-19　通信铁塔设施及设备螺栓处发生腐蚀
主支撑杆及固定螺栓发生腐蚀

2. 腐蚀原因分析

经初步分析，主要腐蚀原因如下：

（1）未充分考虑通信铁塔设施及设备的紧固螺栓耐蚀程度，导致底部螺栓腐蚀速率大大加快，最终失效。在通信铁塔设施的设计和选材阶段，如果没有充分考虑到螺栓材料的耐蚀性能和使用环境的腐蚀程度，就会导致底部螺栓在恶劣气候和高湿度环境下迅速发生腐蚀，从而降低了螺栓的承载能力和使用寿命，最终导致通信铁塔设施的不稳定和产生安全隐患。

（2）通信铁塔设施及设备安装完成后，未对螺栓连接位置进行表面处理，导致连接部位的涂层遭到破坏，进而加速了腐蚀速率。在安装过程中，如果没有对螺栓连接位置进行表面处理，如去除锈斑、清理油污并进行防锈处理，就会导致螺栓连接部位的涂层无法有效附着，容易受到外界环境的侵蚀和破坏，使得螺栓暴露在空气中，加速了腐蚀的发生。

（3）钢结构涂层涂抹不均匀，耐候性和屏蔽性不足，导致涂层在暴晒环境中过早失效。如果在涂抹涂层时出现不均匀的情况，会导致涂层部分区域过度暴露于紫外线、风吹雨淋等自然环境因素下，而另一些区域则可能缺乏足够的保护。在这种情况下，涂层的耐候性和屏蔽性大大降低，容易在短时间内失效。

（4）涂层维护时未进行彻底的表面处理，清除附着不牢的铁锈和杂物，导致维修涂层出现鼓泡、开裂等问题，最终导致涂层脱落。在进行涂层维护时，如果没有对表面进行足够彻底的处理，如没有完全清除附着不牢的铁锈、杂物和老化涂层，那么新涂层就无法有效地附着在基材上，容易出现质量问题。

8.4.3　结论和建议

1. 腐蚀情况总结

通信铁塔设施及设备腐蚀情况需要引起关注，特别是螺栓连接位置、缝隙位置、立柱接地位置等部位，存在腐蚀隐患且具有隐蔽性。由于通信铁塔常年暴露在各种恶劣环境下，如雨雪侵蚀等，这些条件容易导致铁塔表面产生腐蚀现象。

在实际运行中，螺栓连接位置、缝隙位置和立柱接地位置等处往往是腐蚀最为严重的地方。螺栓连接位置容易受到潮湿氧化的影响，导致螺栓锈蚀变形，影响连接稳固性；缝隙位置容易积聚水汽和杂物，加速金属表面腐蚀；立柱接地位置因为长期与土壤接触，易受土壤中化学物质侵蚀而发生腐蚀。

2. 选材、防护技术建议

在维护涂层之前，首先进行充分的表面处理工作，包括去除铁锈、清洁表面、修复损坏部位等。对于附着不牢的涂层，必须彻底清除，以确保新涂层能够与基材牢固结合。此外，在涂抹新涂层之前，还应该检查表面是否有潮湿或油污等影响涂层附着力的因素，并进行相应的处理。选择适合环境和使用条件的涂层材料也是非常重要的。不同的涂层材料适用于不同的环境，如耐高温、耐腐蚀、耐候等性能各异。因此，在进行涂层维护时，应根据具体情况选择合适的涂层材料，以确保涂层具有良好的附着力和耐久性，避免出现鼓泡、开裂和脱落等问题，从而延长涂层的使用寿命。

在日常维护管理中，应定期对这些部位进行检查和监测，及时发现和处理腐蚀问题，采取防腐措施如涂层保护、防腐漆涂覆等，以确保通信铁塔设施及设备的正常运行和安全可靠。

8.5　仁布县通信铁塔腐蚀调查

8.5.1　背景介绍

1. 腐蚀调查的对象介绍

2024年3月18日，北京科技大学马菱薇、国网智能电网研究院有限公司黄路遥等对西藏自治区日喀则市仁布县周边通信基础设施及设备材料开展腐蚀调查。

该沿线通信基础设施及设备材料主体结构采用钢结构、连接方式为铆接或焊接，外表面防护措施采用涂层防护方式。

2. 调查对象的所处地理位置及气候环境特征

仁布县位于西藏自治区南部，雅鲁藏布江中游南崖谷地，地理坐标东经 89°45′—90°22′，北纬 29°02′—29°30′。东倚山南市浪卡子县，南邻江孜县，西靠日喀则市桑珠孜区、南木林县，北与拉萨市尼木县隔江相望。总面积 2124.11km²[29]。

仁布县地处雅鲁藏布江中游河谷地带。地势东北、东南高，西北偏低，县平均海拔 3950m 左右，东部 5 个乡平均海拔在 4200m 以上，西部 5 个乡平均海拔在 3761m 左右，地势平缓。仁布县境内最高峰党姆峰海拔 6112m。年平均气温 6.3℃，绝对最高气温 28.2℃，极端最低气温 −25.1℃。雨季集中在 7～8 月，降水量占全年的 95%，洪水、泥石流、滑坡、地震、干旱等自然灾害频繁发生。仁布县属南温带半干旱高原季风气候，日照充足，年日照时数 2300h，年无霜期 120 天左右，气候干燥。

8.5.2　调查对象的腐蚀情况

1. 宏观腐蚀情况分析

该区域通信铁塔设施及设备材料整体状况一般，如图 8-20 所示，部分位置防护涂层脱落，螺栓连接位置出现不同程度的腐蚀问题。

（1）通信铁塔设备及设施连接部件在进行安装时，表面防护涂层涂刷较薄，如图 8-21 所示。随着服役时间的增加，涂层薄弱，容易受到外界环境的影响，导致涂层发生脱落。为了确保设备和设施的长期稳定运行，建议在安装过程中加强涂层的质量控制，确保涂层厚度和质量符合要求，以提高其耐候性和防护性能，延长使用寿命。

（2）通信铁塔设备及设施信号塔主杆表面存在划痕，且划痕深度不一，表面伴有锈迹，这表明主杆在不同位置受到了腐蚀的影响，见图 8-22。这可能是由于外部环境因素如潮湿气候、酸雨等引起的腐蚀作用，加速了主杆表面的金属氧化过程。为了确保信号塔主杆的结构完整性和稳定性，建议定期对主杆表面进行检查和维护，及时处理划痕处的锈迹，采取防腐蚀措施，延长主杆的使用寿命并保障通信设备的正常运行。

（3）检修电源箱表面大面积腐蚀，顶部防护涂层完全脱落，存在漏电风险。这种情况可能会导致设备的安全隐患，建议立即对电源箱进行维护和修复，重新涂刷防护涂层，以消除漏电风险，确保设备的正常运行和使用安全。同时，加强日常巡检和维护工作，定期检查电源箱及其防护涂层的状况，预防类似问题的再次发生，见图 8-23。

图 8-20　通信铁塔设施及设备整体情况

图 8-21　通信铁塔连接部件涂层脱落

图 8-22　通信铁塔设备及设施主支撑杆涂
　　　　　层遭到破坏

图 8-23　通信铁塔设施及设备检修电源箱
　　　　　发生腐蚀

（4）通信铁塔设备及设施侧杆底部螺栓连接部位腐蚀严重，防护涂层部分脱落，导致防护效果减弱。这种情况可能会影响侧杆的连接稳定性和整体结构安全，建议立即对腐蚀严重的部位进行修复处理，并重新涂刷防护涂层，以加强防护效果，确保设施的安全可靠运行，见图 8-24。

图 8-24　通信铁塔设施及设备底部螺栓发生腐蚀

2. 腐蚀原因分析

经初步分析，主要腐蚀原因如下：

（1）钢结构涂层涂抹不均匀导致涂层厚度不一，使得部分区域暴露在恶劣气候条件下，耐候性和屏蔽性受损。在长时间的暴晒环境中，这些不均匀涂层区域容易出现脱落，加速了钢结构的腐蚀和老化过程，降低了整体的使用寿命和安全性。因此，确保钢结构涂层均匀涂抹非常重要，以提高其耐候性和屏蔽性，延长使用寿命并降低维护成本。

（2）通信铁塔设施及设备安装完成后，可能存在人为因素的破坏，造成主杆表面防护涂层脱落。此外，由于所处地区温差较大，受极端天气的影响，涂层容易开裂脱落，进而加速铁塔的腐蚀和损坏。在管理维护过程中，应加强对设施的监控与保养，及时修复涂层问题，确保通信铁塔的安全运行和长久稳定使用。

（3）检修电源箱顶部腐蚀严重，与整体情况相比更差，出现这种现象的原因可能是在服役过程中，暴晒、雨雪等因素使得部分涂层脱落，暴露的钢材与防护良好的部分形成电偶，加速了顶部箱体的腐蚀。

（4）底部螺栓位置由于地势较低，存在积水现象，螺栓表面存积着含有其他金属元素的粉尘或异类金属颗粒的附着物，在潮湿的空气中，附着物与螺栓间的冷凝水，将二者连成一个微电池，引发了电化学反应，保护膜受到破坏，进而加速螺栓的腐蚀和损坏。

8.5.3　结论和建议

1. 腐蚀情况总结

通信铁塔设施及设备在服役过程中容易受到暴晒、雨雪等因素的影响，导致涂层脱落并加速腐蚀，管理维护中需加强监控和保养。

2. 选材、防护技术建议

在设备制造和安装过程中，选择具有良好耐候性和耐腐蚀性的材料，如不锈钢、镀锌钢等，以减少暴露在恶劣环境下的腐蚀风险，对于电源箱等设备，选择高质量的防护涂层材料，确保其具有良好的防水、防腐蚀性能。

定期进行设备检查和维护，特别是暴露在外部环境中的设备，如通信铁塔和电源箱，应定期清洁表面，检查涂层情况，对于涂层脱落或腐蚀严重的部位，及时修复和重新涂覆防护涂层，防止进一步损坏。

第 9 章 林芝市铁路及其他设施腐蚀调查

9.1 林芝市钢轨铝热焊接头腐蚀调查

9.1.1 背景介绍

1. 腐蚀调查的对象介绍

调查对象为钢轨铝热焊接头，钢轨为 U71Mn，2021 年 12 月焊接，2022 年 3 月投放到林芝腐蚀野外站（图 9-1）。

2. 调查对象的所处地理位置及气候环境特征

钢轨铝热焊接头位于色季拉山脚下（图 9-2），东经 94.4589°，北纬 29.5654°，海拔 2916m，附近有尼洋河支流。气压为 71.7 kPa，氧含量为 16.28%。紫外辐射强，温差大，7～9 月多雨。

图 9-1 钢轨铝热焊接头　　　　　图 9-2 钢轨铝热焊接头服役环境

9.1.2 调查对象的腐蚀情况

1. 宏观腐蚀情况分析

钢轨铝热焊接头经过 32 个月的自然环境暴露（图 9-3），其中焊接熔融区布满了红棕色腐蚀产物，轨顶和焊接热影响区同样生成了红棕色腐蚀产物，另外钢轨部分位置还保留初始的黑色物质，该黑色物质推测为钢轨的氧化皮。

图 9-3　钢轨铝热焊接头

2. 微观腐蚀性能分析

　　钢轨铝热焊接头表面腐蚀形貌放大图见图 9-4 和图 9-5，钢轨铝热焊接头熔融区和热影响区的腐蚀产物为红棕色和黄褐色，推测为羟基氧化铁和三氧化二铁。钢轨铝热焊接头黑色区域腐蚀产物推测为四氧化三铁。

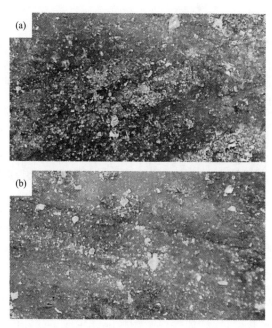

图 9-4　钢轨铝热焊接头熔融区（a）和热影响区（b）表面微观形貌（放大 250 倍）

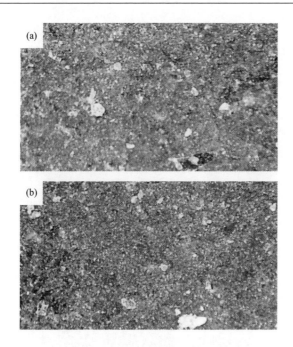

图 9-5　钢轨铝热焊接头黑色氧化皮表面微观形貌（a）及其放大 250 倍（b）的照片

3. 腐蚀原因分析

在焊接过程中，金属的成分和冶金结构会发生一定的改变。焊接接头区域（包括热影响区和熔融区）更容易生锈，有以下几个原因：①焊料化学成分的差异导致了电极电位差；②热循环引起的组织转变导致了组织不均匀性；③热循环还伴随着偏析和析出行为；④残余应力的存在也会影响焊接接头的耐腐蚀性能；⑤表层膜的破坏也是导致焊接接头腐蚀的原因之一。

9.1.3　结论和建议

1. 腐蚀情况总结

钢轨铝热焊接头熔融区和热影响区出现红棕色和黄褐色腐蚀产物，推测为羟基氧化铁和三氧化二铁。钢轨铝热焊接头黑色区域腐蚀产物推测为四氧化三铁。

2. 选材、防护技术建议

钢轨在铝热焊过程中可以选择耐蚀焊剂。

9.2　林芝市施工营地围栏腐蚀调查

9.2.1　背景介绍

1. 腐蚀调查的对象介绍

调查对象为施工营地围栏（图 9-6），围栏基体为碳钢，表面有绿色油漆，2021年 12 月安装使用。

图 9-6　围栏

2. 调查对象的所处地理位置及气候环境特征

该围栏位于色季拉山脚下（图 9-2），东经 94.4589°，北纬 29.5654°，海拔2916m，附近有尼洋河支流。气压为 71.7 kPa，氧含量为 16.28%。紫外辐射强，温差大，7～9 月多雨。

9.2.2　调查对象的腐蚀情况

1. 宏观腐蚀情况分析

围栏经过 3 年的服役，其部分表面油漆发生了褪色、掉块等老化现象，裸露的基体发生了腐蚀（图 9-7）。

图 9-7　围栏腐蚀情况

2. 微观腐蚀性能分析

围栏裸露的基体腐蚀状况分为两部分，一部分为轻微腐蚀（图 9-8），另一部分为严重腐蚀（图 9-9）。严重腐蚀部位的腐蚀产物为红棕色和黄褐色，推测为羟基氧化铁和氧化铁。

图 9-8　围栏裸露基体轻微腐蚀部位表面微观形貌（放大 250 倍）

图 9-9　围栏裸露基体严重腐蚀部位表面微观形貌（放大 250 倍）

围栏基体的防腐层为绿色油漆，其微观形貌如图 9-10 所示。可以看出油漆出现了褪色、粉化等老化现象。

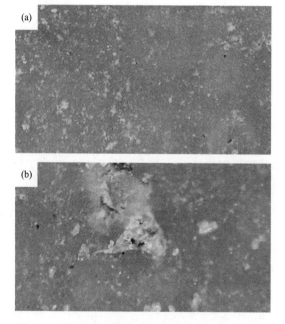

图 9-10　围栏防腐层表面微观形貌（放大 250 倍）

3. 腐蚀原因分析

围栏防腐层耐老化能力差，附着力差，其在高原辐射环境中发生了掉块现象，使得基体直接暴露在大气环境中，产生了腐蚀。

9.2.3　结论和建议

1. 腐蚀情况总结
（1）围栏防腐层附着力差，耐老化性能差，发生了掉块。
（2）围栏防腐层掉块位置，基体发生了腐蚀。

2. 选材、防护技术建议
在高原辐射环境中，围栏的防腐层选择耐老化涂料。

9.3　林芝市钢结构防腐涂层样品腐蚀调查

9.3.1　背景介绍

1. 腐蚀调查的对象介绍
调查对象为钢结构防腐涂层样品，底漆为环氧富锌底漆，中间漆为防火涂料，面漆为浅灰聚氨酯面漆（图 9-11），2021 年 12 月制备并投放到林芝腐蚀野外站。

图 9-11　钢结构防腐涂层样品 1

2. 调查对象的所处地理位置及气候环境特征
钢结构防腐涂层样品投放地点为色季拉山脚下（图 9-2），东经 94.4589°，北纬 29.5654°，海拔 2916m，附近有尼洋河支流。气压为 71.7 kPa，氧含量为 16.28%。

紫外辐射强，温差大，7~9月多雨。

9.3.2　调查对象的腐蚀情况

1. 宏观腐蚀情况分析

钢结构防腐涂层样品经过三年的自然环境暴露试验，表面出现了脱皮、鼓泡和粉化等老化现象，基材有腐蚀现象（图9-12）。

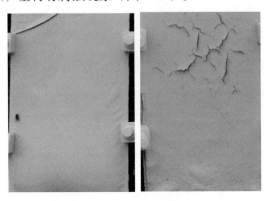

图9-12　钢结构防腐涂层样品2

2. 微观腐蚀性能分析

钢结构防腐涂层样品表面形貌放大图如图9-13所示，表面有粉化、掉块等现象。

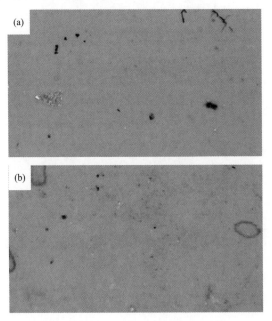

图9-13　钢结构防腐涂层样品表面微观形貌（放大250倍）

3. 腐蚀原因分析

钢结构防腐涂层样品聚氨酯面漆抵抗紫外辐射能力差[30]，导致出现老化现象。

9.3.3　结论和建议

1. 腐蚀情况总结

（1）钢结构防腐涂层样品聚氨酯面漆出现老化现象。

（2）钢结构防腐涂层样品聚氨酯面漆抵抗紫外辐射能力差。

2. 选材、防护技术建议

钢结构防腐涂层样品选用抵抗紫外辐射能力强的氟碳面漆。

9.4　林芝市金属标识牌腐蚀调查

9.4.1　背景介绍

1. 腐蚀调查的对象介绍

调查对象为金属标识牌（图 9-14），金属标识牌框架由镀锌钢管焊接组成，牌面材料为不锈钢。不锈钢牌面焊接在镀锌钢框架上。2021 年 12 月完成安装使用。

图 9-14　金属标识牌

2. 调查对象的所处地理位置及气候环境特征

金属标识牌位于色季拉山脚下的铁路建设工地砂石料厂内（图 9-2），东经 94.4589°，北纬 29.5654°，海拔 2916m，附近有尼洋河支流。气压为 71.7kPa，氧含量为 16.28%。紫外辐射强，温差大，7～9 月多雨。

9.4.2　调查对象的腐蚀情况

1. 宏观腐蚀情况分析

金属标识牌经过 2 年的服役，其不锈钢牌面大部分区域保持金属光泽，没有发生腐蚀。镀锌钢框架大部分失去了金属光泽，没有发生腐蚀。其中镀锌钢管焊接处及其热影响区，镀锌钢管和不锈钢牌面焊接处及其热影响区，发生了腐蚀（图 9-15）。

图 9-15　金属标识牌腐蚀情况

2. 微观腐蚀性能分析

金属标识牌不锈钢牌面未受到焊接影响的部位无腐蚀现象（图 9-16），其焊接热影响区表面有黄褐色腐蚀产物（图 9-17）。金属标识牌镀锌钢框架未受到焊接影响的部位无腐蚀现象，其表面有蓝色物质（图 9-18），推测为镀锌层的氧化物。镀锌钢焊接处发生了严重腐蚀，其腐蚀产物为黄褐色（图 9-19）。

图 9-16　金属标识牌不锈钢牌面表面微观形貌（放大 250 倍）

图 9-17　金属标识牌不锈钢牌面焊接热影响区表面微观形貌（放大 250 倍）

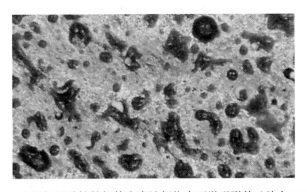

图 9-18　金属标识牌镀锌钢管未腐蚀部位表面微观形貌（放大 250 倍）

图 9-19　金属标识牌镀锌钢管焊接部位腐蚀部位表面微观形貌（放大 250 倍）

3. 腐蚀原因分析

（1）镀锌钢管焊接破坏了镀锌层，使得镀锌层失去了保护作用。

（2）镀锌钢管焊接过程中，化学成分的差异导致了电极电位差；热循环引起的组织转变导致了组织不均匀性；热循环还伴随着偏析和析出行为；残余应力的存在也会影响焊接接头的耐腐蚀性能；表层膜的破坏也是导致焊接接头腐蚀的原因之一。

（3）镀锌钢和不锈钢焊接属于异种焊接，异种焊接更能引起化学成分、金相组织等差异，会加速腐蚀。

9.4.3　结论和建议

1. 腐蚀情况总结

镀锌钢管焊接处及其热影响区，镀锌钢管和不锈钢牌面焊接处及其热影响区，发生了腐蚀。

2. 选材、防护技术建议

（1）镀锌钢焊接处需要进行防腐处理。

（2）尽可能避免异种金属焊接，可以使用其他连接方式，如栓接。

9.5　林芝市拉月吊桥腐蚀调查

9.5.1　背景介绍

1. 腐蚀调查的对象介绍

拉月吊桥建设年限不详，主要用于人员、牲畜通行。主体材料为碳钢，桥梁钢结构上涂有红色防锈漆，部分油漆已经剥落（图 9-20）。

图 9-20　拉月吊桥

2. 调查对象的所处地理位置及气候环境特征

拉月吊桥位于林芝市，东经 94.8732°，北纬 29.9815°，海拔 2407m，桥下为帕隆藏布江（图 9-21）。气压为 71.3 kPa，氧含量为 17.1%。藏南谷地气候，紫外辐射强，温差大，7～9 月多雨。

图 9-21　拉月吊桥服役环境

9.5.2 调查对象的腐蚀情况

1. 宏观腐蚀情况分析

拉月吊桥索塔钢结构既有涂装已经老化，出现了粉化、龟裂等现象。钢结构基体出现了腐蚀现象，其腐蚀产物为黑色（图 9-22）。

图 9-22　拉月吊桥腐蚀现状

2. 微观腐蚀性能分析

拉月吊桥索塔锈层的腐蚀产物微观形貌如图 9-23 所示，可看出其锈层是不致密的，存在裂纹。结合锈层的颜色，可以推测锈层为四氧化三铁，对基体无保护作用。

图 9-23　腐蚀产物微观形貌（放大 250 倍）

　　图9-24为索塔钢结构既有涂装体系的微观形貌,可以看出涂装体系老化严重,存在裂纹, 已经丧失了保护基体的作用。

图 9-24　涂装体系微观形貌（放大 250 倍）

　3. 腐蚀原因分析

（1）索塔钢结构既有涂装体系耐老化性能差, 无法抵御西藏强烈的紫外线。

（2）拉月吊桥索塔钢结构材料为碳钢, 耐蚀性差。

9.5.3　结论和建议

　1. 腐蚀情况总结

（1）索塔钢结构既有涂装体系老化严重, 已经无保护基体的能力。

（2）拉月吊桥索塔钢结构材料腐蚀严重,其腐蚀产物推测为黑色四氧化三铁。

　2. 选材、防护技术建议

（1）对钢结构涂装进行维修, 采用抗紫外老化强的氟碳面漆体系。

（2）更换腐蚀严重的钢结构部件。

9.6　林芝市污水池护栏腐蚀调查

9.6.1　背景介绍

　1. 腐蚀调查的对象介绍

　　调查对象为污水池护栏（图 9-25）, 护栏使用碳钢管焊接组成, 表面有红色和白色油漆进行防护,2021 年 12 月前完成安装使用, 具体安装使用日期不详。

图 9-25　污水池护栏

2. 调查对象的所处地理位置及气候环境特征

污水池护栏位于色季拉山脚下的砂石料厂内（图 9-2），东经 94.4589°，北纬 29.5654°，海拔 2916m，附近有尼洋河支流。气压为 71.7 kPa，氧含量为 16.28%。紫外辐射强，温差大，7～9 月多雨。

9.6.2　调查对象的腐蚀情况

1. 宏观腐蚀情况分析

污水池护栏经过 3 年以上的服役，其部分表面油漆发生了褪色、粉化、开裂、掉块等老化，基体发生了腐蚀（图 9-26）。

2. 微观腐蚀性能分析

污水池护栏裸露的基体腐蚀区微观形貌如图 9-27 所示。腐蚀产物为红棕色和黄褐色，推测为羟基氧化铁和氧化铁。

污水池护栏的防腐层为红色和白色油漆，其微观形貌分别如图 9-28 和图 9-29 所示。可以看出油漆出现了褪色、粉化等老化现象，尤其是红色油漆，出现了开裂、掉块等现象。

图 9-26　污水池护栏腐蚀情况

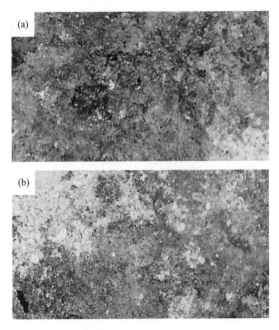

图 9-27　污水池护栏裸露基体腐蚀部位表面微观形貌（放大 250 倍）

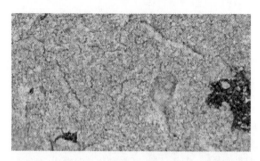

图 9-28　污水池护栏红色油漆表面微观形貌（放大 250 倍）

图 9-29　污水池护栏白色油漆表面微观形貌（放大 250 倍）

3. 腐蚀原因分析

污水池护栏防腐层耐老化能力差，出现了褪色、粉化、开裂、掉块等老化现象，使得基体直接暴露在大气环境中，产生了腐蚀。

9.6.3　结论和建议

1. 腐蚀情况总结

（1）污水池护栏耐老化性能差，发生了褪色、粉化、开裂、掉块。
（2）污水池护栏基体发生了腐蚀。

2. 选材、防护技术建议

在高原辐射环境中，污水池护栏的防腐层选择耐老化涂料。

9.7　林芝市角钢立杆腐蚀调查

9.7.1　背景介绍

1. 腐蚀调查的对象介绍

调查对象为角钢立杆（图 9-30），角钢立杆材质为碳钢，有防腐处理。2021

年 12 月完成安装并使用。

2. 调查对象的所处地理位置及气候环境特征

角钢立杆位于色季拉山脚下的砂石料厂内（图 9-2），东经 94.4589°，北纬 29.5654°，海拔 2916m，附近有尼洋河支流。气压为 71.7 kPa，氧含量为 16.28%。紫外辐射强，温差大，7~9 月多雨。

9.7.2　调查对象的腐蚀情况

1. 宏观腐蚀情况分析

角钢立杆经过 3 年以上的服役，其表面大部分发生了腐蚀，腐蚀产物为红棕色（图 9-31）。

图 9-30　角钢立杆　　　　　　　　图 9-31　角钢立杆腐蚀情况

2. 微观腐蚀性能分析

图 9-32 为角钢立杆腐蚀产物放大图，腐蚀产物为黄褐色、淡绿色和红棕色，推测为三氧化二铁、羟基氧化铁。角钢立杆的防腐层表面微观形貌见图 9-33，可推测该防腐层为镀锌层，其已大面积掉块，丧失了防腐的功能。

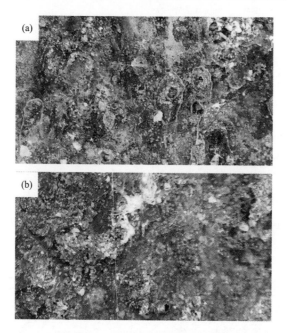

图 9-32　角钢立杆腐蚀产物表面微观形貌（放大 250 倍）

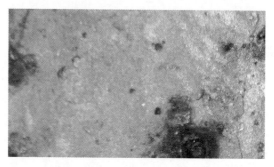

图 9-33　角钢立杆防腐层表面微观形貌（放大 250 倍）

3. 腐蚀原因分析

角钢立杆防腐层发生了大面积掉块，基体裸露在大气环境中，发生了严重腐蚀。

9.7.3　结论和建议

1. 腐蚀情况总结

角钢立杆防腐层失去了保护作用，基体发生了严重腐蚀。

2. 选材、防护技术建议

角钢立杆采用合格的防腐工艺。

9.8　林芝市碳钢螺栓腐蚀调查

9.8.1　背景介绍

1. 腐蚀调查的对象介绍

调查对象为碳钢螺栓（图 9-34），材质为碳钢，初始防腐处理为涂油。2021年 12 月完成安装使用，用于台架的安装固定。

图 9-34　碳钢螺栓

2. 调查对象的所处地理位置及气候环境特征

碳钢螺栓位于色季拉山脚下的砂石料厂内（图 9-2），东经 94.4589°，北纬 29.5654°，海拔 2916m，附近有尼洋河支流。气压为 71.7 kPa，氧含量为 16.28%。紫外辐射强，温差大，7~9 月多雨。

9.8.2　调查对象的腐蚀情况

1. 宏观腐蚀情况分析

碳钢螺栓经过 3 年以上的服役，其表面大部分发生了腐蚀，腐蚀产物为红棕色（图 9-35）。

图 9-35　碳钢螺栓腐蚀情况

2. 微观腐蚀性能分析

碳钢螺栓的中心部位腐蚀轻微，还能看见原始字母和黑色防锈油，其表面微观形貌无明显腐蚀产物（图 9-36）。螺母的边缘腐蚀严重，由其表面微观形貌可以看到黄褐色的腐蚀产物（图 9-37）。

图 9-36　碳钢螺栓轻微腐蚀部分表面微观形貌（放大 250 倍）

图 9-37　碳钢螺栓严重腐蚀部分表面微观形貌（放大 250 倍）

3. 腐蚀原因分析

碳钢螺栓的防锈油耐久性差，在大气环境中丧失了保护基体的能力，发生了严重腐蚀。

9.8.3　结论和建议

1. 腐蚀情况总结

（1）碳钢螺栓防锈油没有长效防腐的能力。

（2）碳钢螺栓的螺母发生了严重腐蚀。

2. 选材、防护技术建议

碳钢螺栓采用多元素粉末共渗+钝化或多元素粉末共渗+钝化+封闭处理复合长效防腐技术。

第 10 章　结　　语

川藏地区的气候特点独特而显著，主要表现为以下几个方面：

（1）海拔高度与气压：川藏地区地势高峻，平均海拔在 4000m 以上，导致空气稀薄，气压低。这种条件使得该地区的大气温度、湿度、风速等气象要素与其他地区存在显著差异。

（2）温度变化：川藏地区的气温年变化小而日变化大，早晚温差大，年温差小。由于高海拔的影响，太阳辐射强烈，年均日照时数在 1475.8～3554.7h 之间，西部多在 3000h 以上。这使得川藏地区的白天温度可能较高，但夜晚温度会迅速下降。

（3）降水与湿度：川藏地区的降水量较少且分布不均，主要集中在 6～9 月，占全年降水量的 80%～90%。这种气候特点可能导致短时间内出现大量降水，对设施造成腐蚀。

（4）季节变化：川藏地区的季节变化明显，春季和冬季气候干燥，降雨较少，晴朗多风，严寒漫长；夏季气候凉寒湿润，昼夜温差大，多冰雹和雷雨天气。这种季节性的气候变化也对设施的腐蚀产生影响。

总结本书的腐蚀案例可以发现，腐蚀的发生有环境的原因，如周边有工厂排放烟气等污染环境因素，也同时存在材料本身（选材不当）以及防护措施质量（如镀锌层质量、涂层涂装质量不过关）的原因。

腐蚀控制应从全寿命周期进行综合考虑，在设计阶段、在设备和设施的运行及维护期间需要考虑的因素和注意的问题应有所侧重。

1. 防腐设计阶段

在防腐设计阶段，需要考虑以下因素以确保设计的有效性和长期耐用性。

1）环境条件

（1）地理位置：考虑设计对象所处的地理位置，如沿海、内陆、高山、沙漠等，因为不同的地理位置会影响环境腐蚀因素。

（2）气候条件：包括温度、湿度、降雨、降雪、日照等，这些都会影响材料的腐蚀速率。应依据 GB/T 19292.1—2018《金属和合金的腐蚀 大气腐蚀性 第 1 部分：分类、测定和评估》[6]。川藏地区材料腐蚀分级分类时，需要充分考虑这些因素，以确保评估结果的准确性和可靠性。

（3）介质特性：如果设计对象会接触到特定的介质，如盐水、酸、碱等，需要考虑这些介质对材料的腐蚀作用。对于腐蚀等级比较高的地区，对一些相应承载力的构件如地脚螺栓要做好防水防潮防腐措施，如涂覆特殊的防锈涂料等措施。

2）材料选择

（1）选用耐腐蚀材料：选择能够抵抗所处环境腐蚀的材料，如不锈钢、合金钢、高分子材料等。

（2）考虑材料的耐应力腐蚀性能：某些材料在应力和腐蚀介质共同作用下，容易发生应力腐蚀开裂，需要避免这种情况。

（3）材料的相容性：如果设计对象会接触到不同的金属材料，需要考虑它们之间的电偶腐蚀问题。

3）结构设计

（1）避免设计死角和难以检查的部位，以减少腐蚀的隐蔽性和难以维护的问题。

（2）采用适当的厚度和结构设计，以提高结构的强度和耐腐蚀性。

（3）结构上尽量避免异种金属的直接接触，结构设计尽量避免形成缝隙。

（4）合理的排水和通风设计，以减少水分和腐蚀介质的积聚。

4）防腐措施

（1）根据环境条件和使用要求选择合适的防腐涂层，如油漆、电镀层、热喷涂层等。

（2）考虑涂层的附着力、耐磨性、耐候性等性能，确保涂层能够长期有效地保护基材。

5）维护和监测措施

（1）设计易于维护和检查的结构，以便及时发现和处理腐蚀问题。

（2）考虑设置腐蚀监测点，定期监测腐蚀情况，以便及时采取防护措施。

防腐设计阶段需要考虑多个因素，包括环境条件、材料选择、结构设计、防腐涂层、维护和监测、成本因素以及法规和标准等。这些因素之间相互关联、相互影响，需要综合考虑以确保设计的有效性和长期耐用性。

2. 设备和设施的运行及维护期间

在设备和设施的运行及维护期间需要注意以下因素。

1）定期检查

（1）定期对设备和设施进行腐蚀检查，特别是那些直接暴露在腐蚀性介质中的部分。检查应包括涂层状态、腐蚀迹象、裂纹等。

（2）使用适当的工具和方法，如无损检测（NDT）技术，来发现难以观察到的腐蚀区域。

2）清洁和干燥

（1）保持设备和设施清洁，避免污垢、尘土和腐蚀性物质积累。

（2）尽量保持设备和设施干燥，因为水分是许多腐蚀反应的主要参与者。

3）涂层维护

（1）定期检查防腐涂层的状态，如发现涂层损坏或磨损，应及时修复或更换。

（2）在涂层修复或更换时，使用与原始涂层相容的材料和工艺。

4）材料兼容性

（1）确保所使用的材料（如垫片、密封件、紧固件等）与主体设备材料兼容，避免电偶腐蚀。

（2）在更换部件或材料时，注意其抗腐蚀性能是否与原始设计相匹配。

5）温度和压力控制

监控和控制设备和设施内的温度和压力，避免过高或过低的温度和压力导致腐蚀加速。

6）介质控制

（1）监控介质中的腐蚀性物质含量，如酸、碱、盐等，并采取适当的措施来控制其浓度。

（2）在可能的情况下，使用缓蚀剂来降低腐蚀速率。

7）维护记录

建立详细的维护记录，包括检查日期、检查结果、采取的维护措施等。这有助于跟踪设备的腐蚀状况并预测未来的维护需求。在此次腐蚀调查中，许多失效件记录不全，无法追踪溯源。

8）人员培训

对操作和维护人员进行防腐蚀知识的培训，确保他们了解腐蚀的危害和预防措施。

9）紧急响应计划

制订腐蚀相关的紧急响应计划，以便在发现严重腐蚀或腐蚀导致的事故时能够迅速采取行动。

10）环保和法规要求

确保腐蚀控制和废弃物处理符合环保和法规要求。这包括使用环保型防腐涂料、妥善处理腐蚀产生的废弃物等。

关注这些因素，可以有效地减少设备和设施在运行和维护期间的腐蚀风险，延长其使用寿命并确保其安全运行。

参 考 文 献

[1] 陈日，郑志军，孟晓波，等. Q235 钢在广西和贵州输电杆塔现场的大气腐蚀行为研究[J]. 热加工工艺, 2018, 47（6）: 122-128.

[2] 国家能源局. DL/T 1453—2015 输电线路铁塔防腐蚀保护涂装[S]. 北京: 中国电力出版社, 2016.

[3] 国家能源局. DL/T 1424—2015 电网金属技术监督规程[S]. 北京: 中国电力出版社, 2015.

[4] 中华人民共和国建设部. GB 50205—2020 钢结构工程施工质量验收标准[S]. 北京: 中国计划出版社, 2002.

[5] 宋艳媛. GB/T 8923.1—2011 涂覆涂料前钢材表面处理 表面清洁度的目视评定 第 1 部分: 未涂覆过的钢材表面和全面清除原有涂层后的钢材表面的锈蚀等级和处理等级[S]. 北京: 中华人民共和国国家质量监督检验检疫总局, 2012.

[6] 中国钢铁工业协会 .GB/T 19292.1—2018 金属和合金的腐蚀 大气腐蚀性 第 1 部分: 分类、测定和评估[S]. 北京: 中国标准出版社, 2018.

[7] 中国国家标准化管理委员会. GB/T 1220—2007 不锈钢棒[S]. 北京: 中国标准出版社, 2007.

[8] 黄向红. 焊接残余应力对结构性能的影响[J]. 现代机械, 2011（1）: 111-114.

[9] 杨泽宇，王敏，李怡宏. 钢中 MnS 夹杂物对钢质量影响及控制研究进展[J]. 钢铁研究学报, 2024: 681-691.

[10] 中国电器工业协会. GB 1208—2006 电流互感器[S]. 北京: 中国标准出版社, 2006.

[11] 张方，王位权，于笑辰，等. 铜包铝合金/铜复合导体电缆的应用探讨[J]. 科技风, 2020（2）: 146-147.

[12] 黄伯云，李成功，石力开，等. 中国材料工程大典[M]. 北京: 化学工业出版社, 2006: 85-90.

[13] 中国电力企业联合会. GB/T 2694—2010 输电线路铁塔制造技术条件[S]. 北京: 中国标准出版社, 2010.

[14] 中国机械工业联合会. GB/T 13912—2002 金属覆盖层 钢铁制件热浸镀锌层 技术要求及试验方法[S]. 北京: 中国标准出版社, 2002.

[15] 国家能源局. DL/T 1425—2015 变电站金属材料腐蚀防护技术导则[S]. 北京: 中国电力出版社, 2015.

[16] 国家能源局. DL/T 1554—2016 接地网土壤腐蚀性评价导则[S]. 北京: 中国电力出版社, 2016.

[17] 刘宗晨. 银粉漆表面病态及控制[J]. 上海涂料, 2007（12）: 41-43.

[18] 国家能源局. DL/T 486—2010 高压交流隔离开关和接地开关[S]. 北京: 中国电力出版社, 2011.

[19] 肖体锋，王剑，朱映平，等. 高牌号银氧化锡触头材料在交流接触器中的应用研究[J]. 电器与能效管理技术, 2022（1）: 73-78.

[20] 国家能源局. DL/T 1342—2014 电气接地工程用材料及连接件[S]. 北京: 中国电力出版社, 2014.

[21] 林玉珍，杨德钧. 腐蚀和腐蚀控制原理[M]. 北京: 中国石化出版社, 2014: 89-90.

[22] 赵麦群，雷阿丽. 金属的腐蚀与防护[M]. 北京: 国防工业出版社, 2002: 102.

[23] 靳群英. 不锈钢的缝隙腐蚀与防护措施[J]. 机械管理开发, 2003, 71（2）: 70-71.

[24] 雷水平，王超胜. 加强型输电线路杆塔接地装置改进与研究[J]. 电气开关, 2015（6）: 17-18.

[25] 聂拉木县县志办. 聂拉木县概况[EB/OL]. （2023-05-24）. http://www.nlmx.gov.cn/news-detail.thtml?cid=24267.

[26] 拉孜县县政府办. 拉孜概况[EB/OL]. （2023-03-11）. http://www.lazi.gov.cn/news-detail.thtml?cid=31358.

[27] 吉隆县县人民政府办公室. 日喀则市吉隆县简介[EB/OL].（2023-05-23）. http://www.jilong.gov.cn/news-detail.
　　　thtml?cid=339555.

[28] 定日县发布. 定日县基本情况[EB/OL].（2023-03-11）[2024-01-01]. http://www.drx.gov.cn/news-detail.thtml?
　　　cid=55577.

[29] 仁布县志. 仁布概况[EB/OL].（2020-11-04)[2024-01-01]. http://www.renbu.gov.cn/news-detail.thtml?cid=29081.

[30] 顾建军，程树军，周达飞. 单组分聚氨酯清漆的制备与性能研究[J]. 功能高分子学报，2004（4）：610-614.